达克效应

需要警惕的 48 种错误思维

You Are Not So Smart

Why You Have Too Many Friends on Facebook
Why Your Memory Is Mostly Fiction
and 46 Other Ways You're Deluding Yourself

[美] 大卫·麦克雷尼 （David McRaney） 著

中国青年出版社

图书在版编目（CIP）数据

达克效应：需要警惕的48种错误思维 /（美）大卫·麦克雷尼著；刘夏青译.
—北京：中国青年出版社，2021.8
书名原文：You Are Not So Smart: Why You Have Too Many Friends on Facebook, Why Your Memory Is Mostly Fiction, and 46 Other Ways You're Deluding Yourself
ISBN 978-7-5153-6440-7

Ⅰ. ①达… Ⅱ. ①大… ②刘… Ⅲ. ①认知心理学—通俗读物 Ⅳ. ①B842.1-49
中国版本图书馆CIP数据核字（2021）第115974号

You Are Not So Smart: Why You Have Too Many Friends on Facebook, Why Your Memory Is Mostly Fiction, and 46 Other Ways You're Deluding Yourself
Copyright © 2011 by David McRaney
Simplified Chinese edition copyright © 2021 China Youth Book, Inc., China Youth Press
All rights reserved.

达克效应：需要警惕的48种错误思维

作　　者	（美）大卫·麦克雷尼
译　　者	刘夏青
策划编辑	刘　吉
责任编辑	肖　佳
美术编辑	张　艳
出　　版	中国青年出版社
发　　行	北京中青文文化传媒有限公司
电　　话	010-65511272 / 65516873
公司网址	www.cyb.com.cn
购书网址	zqwts.tmall.com
印　　刷	大厂回族自治县益利印刷有限公司
版　　次	2021年8月第1版
印　　次	2025年7月第3次印刷
开　　本	787×1092　1/16
字　　数	150千字
印　　张	21.5
京权图字	01-2020-2523
书　　号	ISBN 978-7-5153-6440-7
定　　价	79.90元

版权声明

未经出版人事先书面许可，对本出版物的任何部分不得以任何方式或途径复制或传播，包括但不限于复印、录制、录音，或通过任何数据库、在线信息、数字化产品或可检索的系统。

中青版图书，版权所有，盗版必究

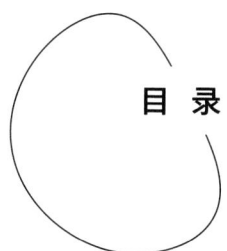

目 录

前言 / 007

1. 预置 / 015
2. 虚构症 / 027
3. 确认性偏见 / 039
4. 后见之明偏见 / 045
5. 得克萨斯神枪手谬误 / 051
6. 拖延症 / 059
7. 常态偏见 / 069
8. 可用性启发 / 081
9. 旁观者效应 / 087
10. 达克效应 / 093
11. 幻想性错觉 / 099
12. 品牌忠诚 / 105
13. 源于权威的意见 / 113
14. 源于无知的论证 / 119

15. 稻草人谬误 / 123

16. 人身攻击谬误 / 127

17. 公正世界谬误 / 133

18. 公物博弈 / 139

19. 最后通牒游戏 / 145

20. 主观验证 / 151

21. 派系教化 / 157

22. 集体决策 / 161

23. 超常释放者 / 167

24. 情感启发 / 173

25. 邓巴数字 / 183

26. 出售 / 189

27. 自利性偏差 / 195

28. 聚光灯效应 / 201

29. 第三人效应 / 207

30. 宣泄 / 213

31. 误忆效应 / 219

32. 服从 / 227

目 录

33. 消退突现	/	235
34. 社会惰化	/	241
35. 透明错觉	/	245
36. 习得性无助	/	253
37. 具身认知	/	259
38. 锚定效应	/	265
39. 注意	/	273
40. 内省	/	281
41. 自我障碍	/	287
42. 自证预言	/	293
43. 瞬间	/	299
44. 一致性偏见	/	305
45. 代表性启发	/	311
46. 预期	/	317
47. 控制错觉	/	323
48. 基本归因错误	/	331
致谢	/	341

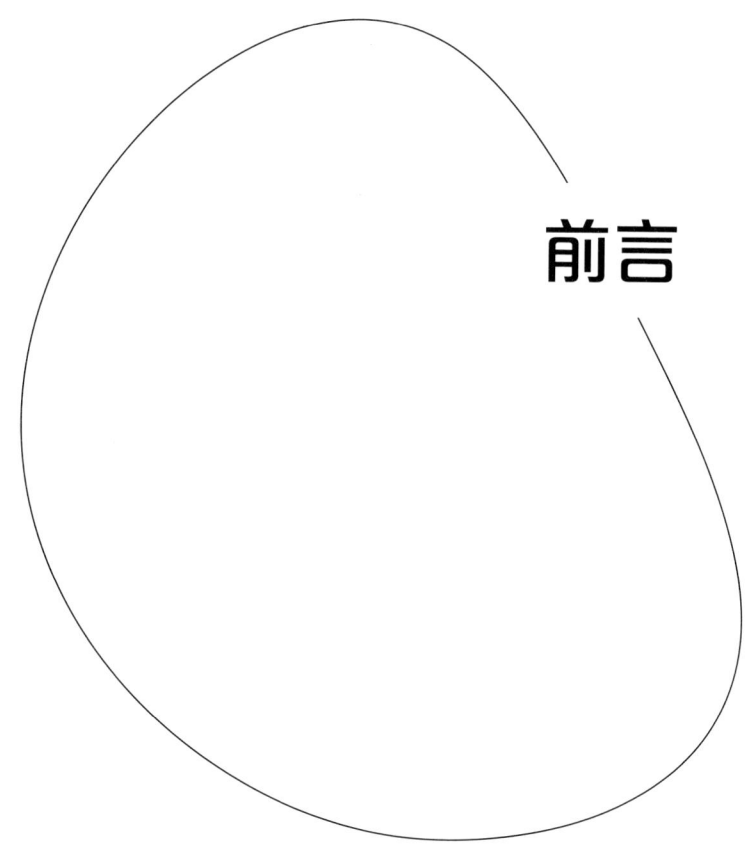

前言

误解 | 你是一个充满理性且有逻辑的人,你能够看清世界的真相。

真相 | 你和我们其他的人一样被蒙蔽了,但这没关系,这能让你保持清醒。

前言

你手中现在捧着的是一本信息概要，它记载了自我欺骗以及我们深陷于自我欺骗中的各种奇妙方式。

你以为你自己深谙这个世界是如何运作的，其实你并不知情。你会在生活中不断形成自己的观点，拼凑出一个故事，并在这个故事中讲述你是谁，解释你做各种事情的原因，在读到这本书之前，你认为你所编织的那个故事是真实的。

事实是，越来越多的心理学和认知科学的研究表明，你对于自己为什么会做出某种行为，为什么会选择你所选择的事情，以及为什么产生某种想法的原因并不知情。相反，你会编造出一些故事情节，一些小故事，来解释你为什么放弃了某种事物，你为什么偏爱"苹果"电脑而不是"微软"电脑，为什么你清楚地记得是贝丝告诉你关于小丑的故事，而那个小丑有一条用汤罐头外包装做成的假肢，但是其实是亚当告诉你的这件事情，并且讲的主角也不是小丑。

你阅读这本书时，花点儿时间四周回顾一下所在的房间。请快速地想一下为了创造你所看到的这些东西你所付出的努力，然后再想想为了发明这些东西，人类在几个世纪的进程中所付出了多少不屑努力。

从你的鞋子开始，再想想拿在你手中的这本书，再看看充斥于你生活中每一个角落的机器和设备——烤面包机、电脑、在远处的街道上呼啸而过的救护车，他们在不停地运转，发出"嘟嘟"的声音。在我们开始正式阅读这本书之前，请细想一下：人类已经解决了这么多问题，在人类居住的地方建造了这么多东西，这是多么令人惊奇的事情啊。

建筑、汽车、电和语言——人类不正是个伟大的造物主吗？这难道不是人类理性的伟大成就吗？如果你对这种说法全盘接受，那么你一定会笃信：你自己非常聪明，并且整个人类世界也已经进化到非常聪明的阶段了。

然而，就你这么聪明一个人，却会把钥匙锁在了车里。你会忘记你要说的事情是什么。你发胖了。你破产了。其他人也是如此。从银行危机到性出轨，我们大家有时都在做一些愚蠢的事情。

从最伟大的科学家到最默默无闻的工匠，每个人体内的每个大脑都充斥着各种各样的先入之见和固有的思维模式，它们能够在大脑毫无察觉的情况下，将人类引入歧途。所以，你并不孤单，其他人大多数跟你是一样的。不管是你的偶像，还是你的导师，他们也往往被各种虚假的猜测所欺骗。

以"沃森选择任务"作为本书的第一个例子。沃森选择任务，又被称为"翻牌实验"，是英国心理学家彼得·沃森在1966年开展的一项经典的心理推理实验。想象有一个心理学站在你的面前，给发了四张扑克牌。与普通的扑克牌不同，这些扑克牌的一面是单一的数字，另一面是单一的颜色。你从左到右看，分别是一张3、一张8、一张红色牌和一张棕色牌。让人琢磨不透的心理学家允许你暂时收下这些扑克牌并向你提出一个问题。假设，心理学家说，"我有一副牌，是一副奇怪的牌，这副牌遵循一条游戏规则：如果一张牌的一面是偶数，那么另一面一定是红色的。现在，你必须翻开哪张牌或者哪几张牌，才能证明我说的是真话？"

请记住：一张3，一张8，一张红色牌，一张棕色牌，那你会选择怎样翻牌呢？

就心理学实验而言，这绝对是属于最简单范畴的心理学实验。作为一个逻辑推理游戏，这也应该是一个非常容易理解的问题。1977年，心理学家彼得·沃森（Peter Wason）做了这项实验，在他询问答案的人中只有不到10%的人给出了正确答案。他把扑克牌上的颜色用元音字母替换了，但是在重复实验时，又使用了颜色做测试。同样数量的受试者参与解答这个问题，但是那些人却完全被弄糊涂了。

那么，你的答案是什么？如果你选择了那张3的牌或者那张红牌，或只选择了那张8的牌，或者只选择了那张棕色，你就是跟那些90%的人一样，被这个任务搞糊涂了。如果你翻开那张3的牌，看到另一面的颜色是红色或者是棕色，这并不能证明什么。你没有获得到任何新的有用信息。如果你翻开那张红牌，发现反面是一个奇数，这也没有违反游戏规则。唯一的办法是把8号牌和棕色牌都翻过来。如果8号牌的另一面是红色的，你只是确认了这符合游戏规则，而没有证明另外的牌有没有违反游戏规则。如果那张棕色牌的反面是奇数，你也不能证明什么。但是，如果棕色牌反面是偶数，你就证伪了心理学家的说法。由此可见，只有这两张牌能提供正确的答案。一旦你知道了解决方案，这个答案看上去就显而易见了。

还有什么比4张牌加一条游戏规则更简单的吗？如果90%的人都弄不明白这个问题，那么人类是如何建造罗马城，又是怎么治愈脊髓灰质炎的呢？这就是这本书的主题——你天生会拘泥于某种思维方式中，而不受另一些思维方式限制，你周围的世界是处理这些偏见的产物，而不是去克服偏见的产物。

如果你把纸牌上的数字和颜色替换为社交场合，测试就会变得容易得多。假设心理学家又来了，这一次他说："假设你在一个酒吧里，法律规定你必须年满21岁才能饮用带酒精的饮料。"有四张扑克牌，扑克牌一面写着饮料的名字，另一面写着允许喝那种饮料的人的最低年龄。你需要把这四张牌中的哪一张牌翻过来才能证明店主遵守了法律？"然后，他发了四张牌，分别写着：

23——啤酒——可口可乐——17

这样一来，似乎容易多了。"可口可乐"那张牌没有向你提供什么信息，"23"那张牌也是什么信息都没提供。如果允许17岁的年轻人饮用酒精饮料，店主就是在犯法，但如果要证明他不是在犯法，你就必须检查喝酒精饮料的人的年龄。现在就剩下了这两张牌——啤酒和17。你的大脑更善于从某些角度观察世界，比如社交场合，而从其他角度来观察世界你就不是那么擅长了，比如由数字构成的逻辑题等。

这就是你在本书中将会阅读到的内容，还有一些解释和引起思考的启发性问题。"沃森选择任务"的例子说明你的逻辑思维能力不强，但你也仍然充满了信念，这些信念在纸面上看起来很不错，但在实践中却分崩离析。当这些信念分崩离析时，你往往又不会注意到。你有一种始终保持正确的强烈愿望，也有一种从道德和行为两个方面都正面看待自己的强烈愿望。为了实现这些目标，你会不断扩展你的思维。

这本书有三个主要主题，分别是认知偏见、启发式和逻辑谬误。这些都是你思维的组成部分，如同你身体里的器官一样，在最佳的条件，它们会起到助力作用。不幸的是，生活并不总是在最好的条件下发展。几个世纪以来，这些思维的组成部分的可预测性和可靠性让人们对那些商人、魔术师、广告商、通灵者，还有兜售各种伪科学疗法的小贩们深信不疑。直到心理学将严谨的科学方法应用到人类行为研究中，这些自欺的观念才得以分类和量化。

"认知偏见"是一种可预测的思维和行为模式，它会导致你得出错误的结论。你和每个人来到这个世界上的时候，都天生带着这些令人讨厌的、完全错误的看待事物的方式，而你却很少注意到它们。它们中的许多方式可以让你对自己的感知保持自信，或者阻止你把自己看成一个傻瓜。保持一个积极的自我形象对人类大脑来说似乎非常重要，你已经进化出了让自己感觉良好的心理机制。认知偏见会导致糟糕的选择、错误的判断和古怪的谬见，而这些往往是完全错误的。例如，你倾向于寻找确认与你的信念一致的信息，而忽视与你信念相悖的信息。这叫做"确认性偏见"。您书架上的各种书籍以及互联网浏览器上的各种书签都是"确认性偏见"的直接结果。

"启发式"是你用来解决常见问题的一种思维捷径。它们加快了大脑的处理速度，但有时会让你想得太快，以至于错过了重要的东西。你不需要绕远路，来深入思考最佳的行动方案或最合理的思路，而是使用启发式在近乎创纪录的简短的时间内得出结论。有些启发式是后天习得的，有些则是先天拷贝到每一个的大脑中的。当"启发式"奏效时，它们帮助你节省了大量的大脑精力。当它们无效时，你会觉得这个世界比实际情况简单得多。例如，如果你注意到新闻中有关鲨鱼袭击的报道有所增加，你就会开始相信鲨鱼已经失控，而你唯一能确定的是，新闻中关于鲨鱼的报道比平时多了而已。

"逻辑谬误"就像是涉及语言的数学问题，你跳过了一个步骤，或者转了个身，而你自己却没有意识到。你在没有了解所有事实的情况下就迅速得出结论，因为你不喜欢了解这些事实，或者你压根不知道你掌握信息有多么有限。你变成了一个笨手笨脚的侦探。逻辑谬误也可能是一厢情愿的结果。有时你会把严密的逻辑应用于错误的前提证明中，有时你会把不严密的逻辑应用于真理的验证中。例如，如果你听说阿尔伯特·爱因斯坦拒绝吃炒蛋，你可能会认为炒蛋对你的身体有害。这就叫做"源于权威的论证"。你认为如果一个人非常聪明，那么他所有的决定都是正确的，但是，也许爱因斯坦只是有着与众人不同的口味而已。

这本书中的每一个新的主题，都会让你用一个新的角度来审视自己。你很快就会意识到自己并不聪明，由于过多的认知偏见、错误的启发式和常见的思维谬误，你可能每分钟都在欺骗自己，只是为了应付现实而活着。

不过，大家别担心。这将会非常有趣。

1. 预置

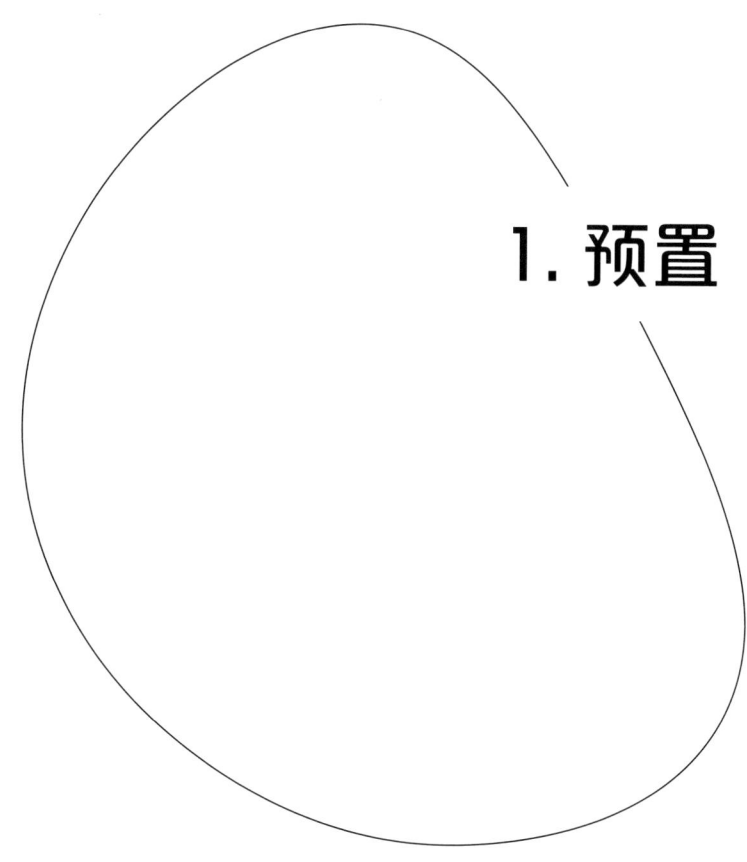

误解 | 你知道你什么时候会受到影响,也明白你的行为是如何受到影响的。

真相 | 你没有意识到从潜意识中形成的思想一直在影响着你的行为。

1. 预置

你从杂货店开车回家，突然意识到你忘了买菠菜酱，而这是你去杂货店的主要目的。也许你可以在加油站买上。后来想想，不用了，下次再说吧。菠菜酱让你想起了油价，油价又让你想到了账单，账单又会让你开始思考自己是否买得起新电视机，电视机会让你想起你曾经坐在家里看了一整季的《银河战星》——这到底是什么鬼？你到家后，对这一路上的各种想法却没有留下什么记忆。

你在开车回家时，一直处于"公路催眠状态"之中，你的精神和身体似乎一直在漂游。当你停下车，按下锁车键时，你就会从这种梦幻状态中猛然惊醒。这种状态有时候也被称为"装配线催眠状态"，用来描述的是装配线上从事不断重复工作的工人的那种精神游离的状态。此时，意识会随着一项精神任务进入自动驾驶状态而飘忽不定，大脑的其他部分开始思考着不那么乏味的事情，逐渐飘向阴影之中。

你总是把你的主观经验分成有意识的和无意识的两类。想想你现在正在做的事情——呼吸，眨眼，吞咽，保持姿势，阅读的时候闭着嘴等。你可以让这些系统进入有意识的控制，也可以把它们留给自主神经系统中。你驾驶着越野车，有意识地调整你的脚踩动油门，转动你放在方向盘上的手，仔细做出数百万次小的决策，以防在高速公路上行车时发生车毁人亡的事故。你开车时也可以跟你的朋友一起唱歌，而你的大脑的其他部分去驾驶你面前的车。你认为你的无意识思维是人类经验的另一个神秘的组成部分，但你倾向于把它看作一个独立存在的东西——一个潜意识下的原始自我，它掌控不了你的汽车钥匙。

科学家却得出了与此不同的结论。

多伦多大学（University of Toronto）的钟晨波（Chen-Bo Zhong）和西北大学（Northwestern University）的凯蒂·利珍奎斯特（Katie Liljenquist）在2006年发表于《科学》（Science）杂志上的一篇论文中，详细阐述了潜意识的强大力量。

他们开展了一项研究，要求受试者回忆他们过去犯下的一件不道德的罪行。研究人员要求他们描述这段记忆给他们带来的感受。然后，他们向其中一半的受试者提供了洗手的机会。在研究结束时，他们询问受试者是否愿意无偿参与后续研究，以帮助一位绝望的研究生。那些不洗手的受试者中有74%的人同意帮忙，而那些洗过手的受试者中有41%的人同意帮忙。根据研究人员的说法，后一组洗手的人已经在无意识下洗去了他们的罪恶感，因此不会像没有洗手的那一组受试者那么强烈地进行忏悔。

受试者并没有真正洗去他们的情绪，他们也没有意识到自己的情绪被洗去了。"清洁"的意义不仅仅是消除细菌。根据钟晨波和利珍奎斯特的观点，大多数的人类文化都会用"洁净"和"纯洁"，以及与之相对的"肮脏"和"污秽"来描述身体和道德的状态。"洗"是许多宗教仪式的一部分，也是日常语言中常常使用的隐喻性短语，把卑鄙的行为说成是肮脏的，把邪恶的人说成是渣滓。当你对一个人的行为感到厌恶时，你甚至会做出和看到令人恶心的东西时一样的表情。在不知不觉中，参与研究的人将洗手和所有与洗手行为相关联的想法联系起来，并且这些联系影响到了他们的行为。

当过去的某个刺激影响你之后的行为、思维方式或者感知另一个刺激的方式时，它被称为"预置"。无论你是否有意识地注意到，每一次感知都会在你的神经网络中触发一系列相关的想法。铅笔会使你想起钢笔。黑板会让你想起教室。这种事情总是发生在你的身上，虽然你没有意识到，但它的确改变了你的行为方式。

2003年，亚伦·凯（Aaron Kay）、克里斯蒂安·惠勒（Christian Wheeler）、约翰·巴奇（John Bargh）和李·罗斯（Lee Rose）进行了多项研究，其中的一项研究揭示了潜意识对你的思维和行为的其余部分有多大的影响，而且潜意识思维很容易受到预置效应的影响。受试者被分为两组，并被要求将一些照片和文字描述用线连起来。第一组受试者看的是常见物品的照片，我们将其称为中性照片。他们需要把风筝、鲸鱼、火鸡和其他物体与纸上另一侧的文字描述连起来。第二组受试者要将公文包、钢笔和其他与商务相关的物品的照片与它们对应的文字描述连起来。然后，受试者被带到单独的房间里，并被告知他们需要和房间里的另一位受试者配对。而另一位受试者实际上是实验助理。研究人员告诉他们，他们现在要一起参加一个游戏，在这个游戏中他们可以赚到10美元。研究人员在受试者面前摆放了一个杯子，并告诉他们杯子里有两张小纸条，一张纸条上写着"提议"（offer），另一张纸条上写着"决定"（decision）。然后让他们做出选择——他们自己从杯子里任意抽取一张纸条，或者是先让搭档从杯子里任意抽取一张纸条。那么规则是什么呢？无论谁抽到了"提议"的那张纸条，都会得到10美元，并决定这10美元在双方之间的分配方式。然后，其搭档将选择接受或拒绝这一提议。如果提议被拒绝，那么10美元将被收回，这两个人都将一无所获。这个游戏被称为"最后通牒游戏"，它的可预测性使它成为心理学家和经济学家最喜欢的工具。被拒绝的提议中的分配比例往往低于总量的20%。

大多数受试者会选择自己抽取纸条。但他们不知道的是，杯子中的两张纸条上都写有"提议"字样。如果他们让搭档来抽取纸条，实验助理也会假装抽到了写有"决定"字样的纸条。因此，参与研究的每位受试者都被要求给出一个合理的报价，因为他们知道如果不这样做，他们就会失去获得一些免费现金的机会。研究结果虽然有些出乎意料，但基本证实了科学家对"预置"的怀疑。

那么，那两组受试者的表现有什么不同呢？在玩"最后通牒游戏"之前，被要求把中性照片和文字描述连起来的那组受试者中，有91%的受试者选择平分10美元，即每人5美元。在将商务相关照片与相应解释连线的那组受试者中，只有33%的受试者提出平分这笔钱；其余的受试者都会尽量给自己多留一些。

研究人员接下来用真实物体代替了照片进行实验。他们让其中的一组受试者在一个房间里玩"最后通牒游戏"，在桌子的另一端放着一个公文包和一个皮质公文夹，在他们面前还摆着一支钢笔。另一组受试者坐在另一个房间里，里面摆放着一些平常的东西——一个背包、一个纸箱和一支木制铅笔。这一次，第二组"中立组"的受试者全部都选择平分10美元,但是坐在那间摆放着商务相关物品的房间里的"商务组"受试者中只有50%的人选择平分。这些受到商务场景"预置"的受试者中有一半的人选择少分钱给搭档。

研究结束之后,所有的受试者都被要求对他们在实验中的行为做出解释,但是没有一个人提到房间里摆放的物品。相反,他们虚构了一些情节,并与研究人员分享他们自己对公平与不公平的看法。一些人描述了他们对他们的游戏搭档的印象,并说这些感觉影响了他们的行为选择。

仅仅看到公文包和精致的钢笔就能改变正常的、理性的人的行为。他们变得更有竞争力、更贪婪,却根本不知道这其中的意愿。在面对不得不为自己辩解的情况时,他们用他们信以为真却又错误百出的故事来为自己的行为辩解。

同样的研究人员还用其他的一些方式进行了实验,他们让受试者把一些被省略字母的单词填补完整。那些第一次看到与商务相关的图片的受试者组中,有70%的人会把"c_ _p_ _ _tive"这样的单词变成"competitive",而看到中立图片的受试者组中,只有42%的人会这样做。如果看到两个人为达成协议进行一段模棱两可的对话时,那些看到与商务相关物品的图片的受试者认为这是一场谈判,而看到中立图片的那组受试者则认为这是一次协商。在每种情况下,受试者的大脑都会被无意识的"预置"所改变。

几乎你遇到的每一个物体都会在你的脑海中引发一连串的联想。你不是一台连接两个摄像头的电脑。现实也不是让你客观观察周围事物的真空环境。你每时每刻都在用围绕着你的感觉和认知的记忆和情感来构建现实。它们共同形成了一种意识拼贴图,而这种意识只存在于你的大脑之中。有些物品是具有个人意义的,比如你最好的朋友在中学送给你的夹心棒棒糖戒指,或者你姐姐亲手为你做的手工手套。另一些物体具有文化意义或者普遍意义,例如月亮、刀或者花束。不管你是否意识到它们的力量,它们都在影响着你,甚至会植根于你大脑中,你只是从来没有注意到它们而已。

另一个版本的实验中只使用了气味。2005年，荷兰乌得勒支大学（Utrecht University）的汉克·阿特（Hank Aarts）让受试者填写了一份问卷，然后奖励给他们每人一块饼干。一组受试者坐在一个充满了淡淡的清洁产品气味的房间里，而另一组受试者坐的房间里什么味道也没有。结果显示，待在第一个房间里受清洁气味"预置"的那组受试者，洗手的次数要比平时多三倍。

在罗恩·弗里德曼（Ron Friedman）的一项研究中，只让人们看到运动饮料或瓶装水，但不允许他们喝，那些只看了运动饮料的人在体能测试中坚持的时间更长一些。

当你处于自动驾驶状态时，你在选择行为方式之前没有进行有意识的内省，此时预置效应最有效。当你不确定如何更好地进行下去时，各种建议就会从你的内心深处冒出来，这些建议都带着一些无意识预置的色彩。此外，你的大脑还讨厌模棱两可的感觉，并且倾向于走捷径来消除这种感觉。如果没有其他办法，你就会利用一切可以利用的东西。当模式识别失败时，你会创建出自己的模式。在前面提到的实验中，受试者的大脑中没有其他的东西来支撑无意识的态度，所以它把注意力集中在商务用品或者清新剂的气味上，然后继续思考。这其中唯一的问题是受试者的有意识的头脑并没有注意到这一点。

你不能自主启动自我预置。预置必须是无意识的，更具体地说，它必须发生在心理学家所说的"适应性无意识"（adaptive unconsciousness）之中——一个难以探测的地方。当你开车的时候，适应性无意识会进行数百万次的计算，预测每一个时刻的情境，自动调节你的情绪，操纵你的器官。它承担着艰苦的工作，用来解放你的有意识的头脑，让你的头脑不必为做出决策而实时待命。在任何时刻，你总是具有两种思维——一种是高层次的理性自我，另一种是低层次的情感自我。

美国科学作家约拿·莱勒（Jonah Lehrer）在他的著作《我们如何决定》（*How We Decide*）一书中详细描述了这种划分方式。莱勒认为这两种思维是平等的，它们会就该做什么进行交流和争论。涉及不熟悉变量的简单问题最好是由理性的大脑来处理。这些问题必须要简单，因为你有意识的、理性的头脑一次只能同时处理4条到9条信息。例如，请看如下一串字母，然后不假思索地大声背诵出来：RKFBIIRSCBSUSSR。除非你理解了，否则这将是一项非常困难的任务。现在，把这些字母分成可以掌握的几个部分：RK FBI IRS CBS USSR（日本高砂铁工株式会社 美国联邦调查局 美国国税局 哥伦比亚广播公司 苏联）。现在把目光移开，试着背诵它们。这次应该容易得多，而你只是把15个部分减少到5个部分。你无时无刻不在把对象进行分解，以便更好地分析这个世界。你将复杂的输入信息简化为现实的速记版本。这就是为什么书面语言的发明在你的成长史上是如此重要的一步——它允许你做笔记和保存数据，这些都在有限的理性思维能力之外。如果没有像铅笔、电脑和计算尺这样的工具，理性大脑的判断就会受到严重的阻碍。

莱勒认为，情感的大脑比理性的大脑更古老，因此情感的大脑的进化程度要比理性的大脑进化程度高，它也更适合做出复杂的决策，并能自动处理非常复杂的操作，比如翻筋斗、跳霹雳舞、唱歌和洗牌等。这些操作看起来很简单，但是完成这些动作需要太多的步骤，并且充满了各种变数，超出了你的理性思维的处理范围。因此，你把这些任务交给了"适应性无意识"。大脑皮层很小的动物，或者根本没有大脑皮层的动物，大多处于自动操作状态，因为它们更古老的情感大脑通常（或完全）掌控着这一切。情感的大脑或者无意识的大脑，是古老的、强大的，与理性大脑一样，是属于你身体的一部分，但它的功能不能被直接观察到或者将信息传达给意识。相反，它输出的主要是直觉和感觉。情感大脑总是在后台，参与共同处理你的精神生活。莱勒的核心论点是"你知道的比你所知道的要多"。你认为只有你的理性思维在支配你的行为，但是你的理性思维却往往无视你的无意识对它的影响。在这本书里，我增加了另外一个命题：你不知道自己不知道。

你的经验总是待在一个隐蔽的地方，也就是在你的无意识头脑中被分解，所以形成的建议可以传递给你的有意识头脑。由于这一点，如果你面对的是一个熟悉的场景，你就可以依靠直觉判断。然而，如果你遇到的是一个完全陌生的场景，你将不得不启动你的无意识思维。在长途旅行中，当你从一个出口进入一个不熟悉的地方时，"公路催眠状态"自然就被打断了。这同样适用于你生活的其他领域中。你总是在情感和理性的影响之间，在自主操作和奉命操作之间徘徊。

你的真我比你在任何时候意识到的都要大得多，也复杂得多。如果你的行为是"预置"的结果，对于"适应性无意识"如何将自适应行为传递给了无意识这个问题，你经常会构造一些故事来解释你的感情、决策和建议，因为你没有意识到幕后的那个头脑给你提供的建议。

当你拥抱一个你爱的人，然后感受到一种温暖的情感的冲击，你已经做出了一个执行决定，这个决定会影响到你的大脑更古老的部分，来释放出美好的化学物质。自上而下的影响是有直觉意义的，而且细想起来也不会令人不安。

然而，自下而上逆向的影响是十分奇怪的。当你坐在一个公文包旁边，你就会表现得比平时更贪婪，你的大脑执行中心就好像在对着你耳边低语的幕后顾问点头示意，以表示赞同。这看起来非常神秘，令人毛骨悚然，因为它做的是如此隐秘。那些试图影响你的人对此十分敏感，并试图避免当你被欺骗时在你心中造成一种不舒服的意识。"预置"只有在你没有意识到的情况下才会起作用，而那些以"预置"为生的人会非常努力地隐藏这种影响。

让我们以赌场为例，它可是"预置"的圣殿。每一个角落都有叮叮当当的铃声和音符，金属桶里的硬币在叮当作响，这都是财富和富裕的象征。更有效的是，赌场对环境的影响非常敏感。一旦你进入了赌场，就找不到任何提醒时间的东西，没有任何关于超出让双方都受益的"预置"之类的广告，这样你就没有理由离开赌场了。无论是睡觉、吃饭，还是其他任何事情都不能够成为离开赌场的理由，在这里不存在一切外部的"预置"。

可口可乐公司发现它在节日期间输给了圣诞老人，因此不得不对你实施"预置"。当你在纠结选择可口可乐还是普通品牌的苏打水时，你的潜意识里就会浮现出快乐的童年回忆，也浮现出有益健康的家庭价值观。当新鲜出炉的面包的香味使人们受到"预置",刺激人们购买更多食物时,杂货店的销售量随之上升。给视频包装加上"纯天然"字样,或者印上田园农场和农作物的图片,这会让你联想到大自然,消除掉你对工厂和化学防腐剂的联想。有线电视频道和大公司通过树立一个形象、一个品牌来吸引潜在的观众,从而在你决定如何与他们接触和对他们做出判断之前就已经给你进行了"预置"。制片公司花费数百万美元制作预告片和电影海报,以形成第一印象,在正片放映之前就给你"预置"了某种欣赏影片的方式。餐厅的内部装饰也是为了向顾客传达一切,从精美的食物到迷幻的嬉皮社区设定了"预置",让你享受他们的奶酪棒。在现代世界的每个角落,广告商都在攻击你的潜意识,试图让你的行为更有利于其提高营业额。

在心理学家发现"预置"效应之前,企业就已经发现了"预置"效应的效用。但是,一旦心理学开始深入到人的内心进行研究,就发现了越来越多的自动机制的例子,即使在今天,我们也不清楚你的行为中有多少是在你的意识控制之下完成的。

1996年,约翰·巴奇(John Bargh)在《人格与社会心理学杂志》(*Journal of Personality and Social Psychology*)上发表的一系列研究,让到底是谁真正掌握了主动权的这一问题变得更为复杂。

他让纽约大学(New York University)的学生们从一些散乱的单词中整理出30个独立的句子,每个句子包括五个单词。他告诉学生们,他对他们的语言能力非常感兴趣,但他实际上是在研究"预置"效应。他一共召集了三个实验小组。第一组学生整理的是带有攻击性和粗鲁的词语的句子,例如"厚颜无耻""令人困惑""粗鲁"等。第二组学生整理的是一些包含礼貌相关词语的句子,例如"谦恭""举止得体"等。第三组学生是对照组,整理的是包含"兴高采烈""准备""练习"等中性词语的句子。

实验者向学生们解释如何完成任务之后,告诉他们,一旦他们完成任务,就来找他们完成第二项任务,但那是一个真正的实验。当他们找研究人员领取任务时,都会发现研究人员正在跟一个假装对理解字谜有困难的演员（研究助理）进行对话。研究人员完全无视学生，直到这个学生打断他们的谈话，或者10分钟之后才开始与学生进行交谈。

结果如何呢？第二组"礼貌用语组"平均等待了9.3分钟后中断了研究人员与演员的交谈；第三组"中性用语组"等待了约8.7分钟中断了他们的交谈；第一组"粗鲁用语组"在等待了5.4分钟后就中断他们的交谈。令研究人员惊讶的是，超过80%的"礼貌用语组"等待了整整10分钟。在"粗鲁用语组"只有35%的受试者选择不去打扰别人的交谈。实验结束后，研究人员对受试者进行了采访，受试者都无法确定他们选择等待或中断的原因。他们从来没有想过这个问题，因为据他们所知，他们的行为没有受到任何影响。他们认为，他们的行为是不会受到那些拼凑出来的句子的影响的。

在第二项实验中，巴奇还是让受试者整理句子，但这些句子包含与老年有关的词语，比如"退休"、"满脸皱纹"和"宾果"（老年人用于打发时间的小游戏）。然后，他记录下他们走向电梯的速度，并将其与他们第一次走进电梯时的速度进行比较。受试者比先前多花了一到两秒钟才到达目的地。就像"粗鲁用语组"一样，"老年用语组"被与老年相关的词语以及其引发的联想预置了。为了确定这种差异是"预置"所导致的，巴奇重复了这项实验，并得到了同样的结果。他还让另一组受试者作为对照组进行了第三次实验，这些受试者整理了与悲伤相关的词语，以确保受试者不是因为实验给他们带来压力才放慢了脚步。结果显示，"老年用语组"的步速是最慢的。

巴奇还进行了另一项研究，让白人受试者坐在电脑前填写无聊的问卷。就在每个部分开始之前，电脑屏幕上会闪现一些人的照片，有的是非裔美国人，有的是白人，照片在屏幕上闪现的时间约为13毫秒，比受试者有意识处理的速度要快。一旦他们完成了任务，电脑就会在屏幕上闪现一条错误提示信息，告诉受试者必须从头开始填写问卷。与看到白人面孔图片的受试者相比，那些看到非裔美国人图像的受试者更容易、更快地产生敌意和沮丧情绪。即使他们不相信自己是种族主义者或怀有负面的成见，但这些想法仍然存在于他们的神经网络中，这种无意识的"预置"，让他们下意识地表现得与平常不同。

对预置效应的研究表明，当你对自己行为的原因进行深刻反省时，你会漏掉许多，也许会漏掉大部分，积累在你人格中的影响，它们就像附在船边的藤壶一样（藤壶是一种海洋甲壳类动物）。如果你能预见到"预置"，预置是不会起作用的，但是你的注意力不可能同时集中在所有的方向上，"预置"因此而生效。你想到的、感觉到的、做的和相信的很多东西，现在是，将来也会继续是无意识"预置"以某种方式施加给你的，这些影响的方式包括语言、颜色、物品、名人和其他各种对象等，这些东西或来自你的个人生活，或来自你所认同的文化。有时这些"预置"是无意的；有时在另一端会有一个"执行者"密谋反对你的判断。当然，你可以选择自己成为一名执行者。你可以通过你的衣着"预置"来吸引潜在的面试雇主。你可以通过"预置"在举办派对时如何营造气氛来激起客人的情绪。一旦你知道"预置"是生活的一个事实，你就会开始理解仪式、规范和意识形态的力量和适应力。人们设计出能够使"预置"持续存在的制度，是因为它确实有效。从明天开始，你也许只用一个微笑和一声谢谢，就可以影响别人的感受——希望产生的结果是最好的。

请你记住，当你的大脑处于被控制状态或者当你发现自己处于不熟悉的环境时，你是最情愿接受预置暗示的。如果你带了一份购物清单，你就不太可能在结账时发现，你的购物车里堆满了你离家时根本不想购买的东西。如果你忽视了你的个人空间，让混乱和杂乱随意潜入，它就会影响你，也许会引发你对杂乱的更多忽视。重复的积极反馈能够改善你的生活，而不会降低生活质量。你不能直接"预置"自己，但你可以创造出有利于你想要达到的精神状态的环境。就像桌子上的公文包和房间里清新的香气一样，你可以用充满意义的随身物品来填充你的私人空间，或者从"减负"这个更大的理念中寻找意义。不管怎样，在你最意想不到的时候，这些意义可能会暗中影响你。

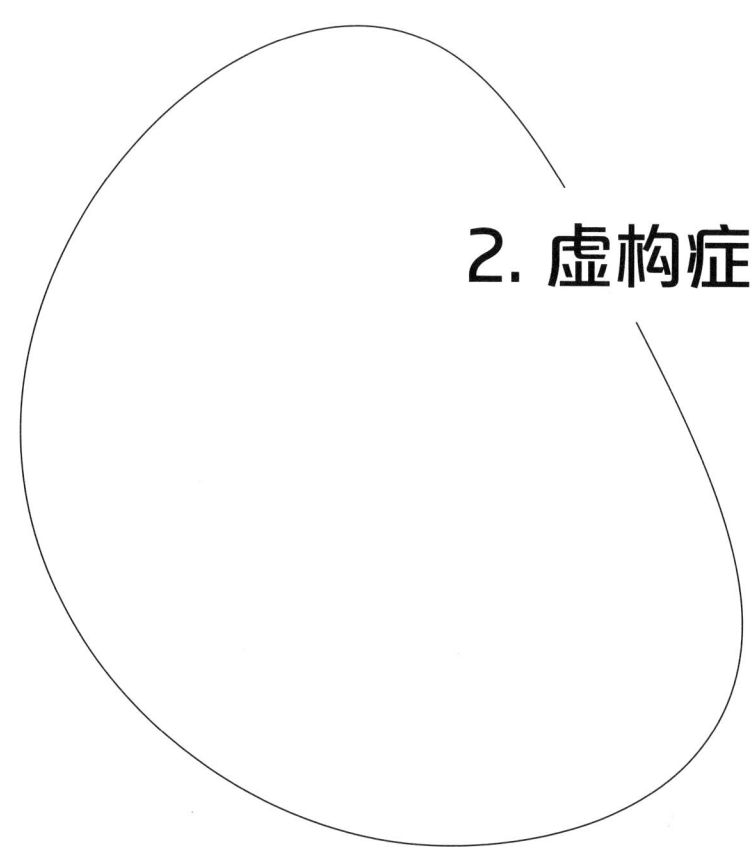

2. 虚构症

误解 | 你知道什么时候你在对自己撒谎。

真相 | 你常常不知道自己的动机,所以会编造故事来解释自己的决定、情绪和历史,但却没有意识到这一点。

2. 虚构症

当电影以"根据真实故事改编"的字幕开场时,你有何感想?你是否认为电影背景中的每句对白、每件衣服和每首歌都和真实事件中的一模一样?你当然不会这么认为。你知道,像《珍珠港》和《永不妥协》这样的电影对事实做了"艺术自由"处理,将它们塑造成一个包括开头、中间和结尾的连贯的完整故事。即使是关于在世的音乐家或政治家生活的传记片也很少是绝对真实的。有些东西被省略了,有些人被塑造融合成只有一种性格。当你观看影片的时候,你会觉得与大局相比,细节没有那么重要,也就是总体的想法最为重要。

如果你能清楚地回忆自己脑海里的那部传记片就好了,但你并没有那么聪明。你知道那部电影把真实的故事改编了,而科学家们也早就知道这一点了。

这一切都始于你大脑填补空白的渴望。

伸出你的两个大拇指并排放在你面前。闭上你的左眼,慢慢地将你的右手拇指向右水平移动。你注意到了什么情况了吗?可能不会注意到,这条线上的某个地方就是你的盲点,也就是你的视神经进入视网膜的地方。虽然你的每边都长了一只眼睛,但在你的盲点视域内你什么也看不见。这个区域比你想象的要大——大约占你的全部视力区域的2%。如果你想自己观察这个区域,拿出一张白纸,在上面画一个一角硬币大小的圆点。现在,向右移动两英寸,再画一个圆点。闭上你的左眼,注视左边的圆点。把纸移近一点,直到右边的圆点消失。这就是你的视觉盲点之一。

现在,请你闭上一只眼睛,环视房间。试试用前面所说的方法看看本书这一页上的词句。你注意到了什么?你的视野里是否有个巨大的缝隙?没有。你的大脑会用心理绘图法把它填补上。无论盲点周围有什么东西,它都被复制粘贴到那个空洞里,形成了一个自动想象的视觉效果。你的头脑欺骗了你,你却对此一无所知。

就像大脑在你无意识的情况下填补了你的盲点一样,你也用同样的办法填补你记忆和推理中的盲点。你遇到过这样的事情吗？你说那是在一个圣诞节晚会上，你把长筒袜套在手上，表演《迷失》的最后一集，但是他们却说，那是发生在复活节的事情。你记得打开了礼物，喝了蛋奶酒，但他们却发誓说，是吃的鸡蛋而不是喝的蛋奶酒，并且吃鸡蛋的人也不是你，而是你的表弟。并且，在晚会上，人们还用巧克力做的兔子代表黑烟魔（《迷失》中的反派角色"黑衣人"）。

想想这种情况发生的频率有多高，尤其是当你在和一个总是用这种方式和你交谈的人在一起的时候更是如此。如果你把你做过的每一件事都记录下来，那么这份记录很难与你记忆的方式相匹配，难道不是吗？想想那些所有让你震惊的照片，照片上的你在某个地方，但是那个地方已经完全从你的记忆里抹掉了。再想想你的父母提起的关于你童年的事情，这些事情你一点都不记得，或者你对这些事情的记忆与所讲述的完全不同。但是你仍然有一种连续不断的记忆和经验。细节丢失了，但是你自己生活的全图依然还在。然而，这幅大图却是一个谎言，你用无意识的自说自话不断地滋养它，并逐渐累积成一个关于你是谁、你做了什么以及为什么那么做的故事。

你经常这样做，以至于你不能确定被你看作是真实的记忆到底有多高的准确率。你不知道此时此刻你是如何读起这些语句，而不是在街角发呆或是去环游世界。你为什么对接吻无动于衷呢？你为什么对你的母亲说那些可怕的话？你为什么要买那台笔记本电脑？你为什么生那家伙的气？你到底是谁？此时此刻你为什么会在这里？

为了理解虚构症，我们需要借助外科手术来一探究竟。如果偶尔会出现某种极端的病症，试遍了所有的方法都不见效，医生就会把病人的大脑从中间切开。他们的发现令人着迷。

为了大致了解你的大脑有多大，大脑又是怎样分成了两半，你可以伸出你的双手，攥住形成两个拳头，把两个拳头靠在一起。如果你戴着戒指，它们就会朝上相对。每个拳头代表一个脑半球。你的两个大脑半球通过一个叫作胼胝体的神经纤维紧密相连。想象一下，当你握紧拳头时，你抓了两满手的纱线——纱线就是你的胼胝体。有时当癫痫变得非常严重，难以控制，没有药物可以减轻症状或者恢复正常时，就会进行胼胝体切开术。在胼胝体切开术中，那些纱线被切断。大脑的两个半球被小心翼翼地分离开来，这可以使病人在最大程度上正常地生活。

裂脑患者从外表上来看似乎没什么问题。他们能够从事工作，能够进行交谈，并能够对自己所说的话负责。但是，随着研究的不断深入，在裂脑患者的帮助下，研究人员发现了被割裂的大脑半球的优点和缺点。自20世纪50年代以来，对那些接受过这种大脑割裂手术的患者的研究已经揭示了大量关于大脑如何运作的信息，但与这一主题最密切相关的洞见是，这些病人能够迅速并坚定地编造出完整的谎言，并且认为这就是事实。这种现象被称为"裂脑虚构症"。当然，你的虚构行为不一定需要一个割裂的大脑。

你感觉自己是一个人，只有一个大脑。但在很多方面，你其实有两个大脑。思想、记忆和情感会贯穿于整个大脑，但是其中一半大脑在完成某些任务方面，要比另外一半大脑完成得好。例如，语言任务通常是由左脑来处理，然后在左脑和右脑之间来回转移。当一个人的大脑半球被割裂时，奇特的事情就发生了，这种转移无法在这两个脑半球中发生。

美国加州大学圣塔莫尼卡分校的心理学家迈克尔·加扎尼加（Michael Gazzaniga）与罗杰·斯佩里（Roger Sperry），是首批获得裂脑患者帮助的研究人员。在一项实验中，他们让受试者看着电脑屏幕中央的一个十字，让一个像"卡车"（truck）这样的单词从电脑屏幕的左侧闪过，然后问受试者他们看到了什么。当然，那些大脑相连的人会说"卡车"。那些大脑割裂的人会说他们不知道，但令人惊讶的是，如果让他们用左手画出他们看到的东西，他们很容易就能画出一辆卡车。

令人奇怪的是，你的右手被你的左脑控制，而你的左手被你的右脑控制。左眼看到的东西斜穿头盖骨进入右脑半球，反之亦然。当大脑割裂时，这些神经并没有被切断。

正常情况下，这没有什么问题，因为大脑的一侧所感知和思考的东西会传递给另一侧，但当科学家向左侧视野展示图像时，分裂的大脑无法说出自己看到了什么。语言中心位于与图像处理相对的另一个脑半球。脑裂患者主管单词使用并把单词传送给嘴巴的大脑半球，无法把他所看到的信息传递给另一侧大脑，即主管握铅笔的那一半大脑，然而，看到图像的那一半大脑可以把它画出来。一旦图像出现，大脑割裂的人就会说，"哦，原来是一辆卡车"。通常发生在胼胝体之间的交流现在转移到了纸上。

这就是在裂脑病人的世界里发生的事情。同样的事情也会在你的大脑中发生。你大脑的同一部分负责把思想转化成文字，然后把这些文字传送给嘴巴。你的右脑半球把一整天的外部世界呈现出来，而你的左脑则以你无法察觉的对话方式，与你的右脑分享这个世界。在生物学水平上，这是虚构的一个基本来源，它可以在实验室中得到证明。

如果让一个脑割裂患者看两个词，比如左边是"钟"，右边是"音乐"，然后要求他们用右手在一组四张照片中指出他们看到的东西，他们会指出其中有钟的照片。他们会忽略鼓手、管风琴和小号的照片。当被问及为什么选择这张照片时，令人惊讶的虚构时刻发生了。一位裂脑病人说，这是因为他们最后听到的音乐来自学院的钟楼。左眼看到了一口钟，让右手指着它，但右眼看到了音乐后，就要编造一个合理的理由，来解释他们不去看其他三幅与"音乐"更相关的图片的原因。

负责说话的那侧大脑看到另一侧大脑指出了钟，但是它不会承认自己对这一举动的原因毫不知情，于是就编造出了一个理由。右侧的大脑并不比左侧的大脑更聪明，所以它也就听之任之了。患者们没有撒谎，因为他们相信自己所说的话。他们欺骗了自己和研究人员，但却没有意识到自己在这么做。他们从不感到困惑或欺骗；他们的感觉和你的感觉是一样的。

在一个实验中，一个脑割裂患者被要求做一个只有右脑才能处理的动作，而左脑再一次解释它，就好像它知道真正的原因一样。受试者看到了"行走"这个单词,并理解了它。当研究人员问他们为什么起床时,他们说:"我需要喝一杯水。"另一项实验只向右脑展示了暴力场景。受试者说他们感到紧张和不安,并将其归咎于房间的装饰方式。那些更深层次的情感中心仍然可以与大脑双侧对话,但只有左脑半球有能力描述正在酝酿的事情。多年来,这种脑割裂患者的虚构症已经被多次证实。当左脑半球被迫解释为什么右脑半球在做某事时,往往会编造出两侧大脑都能接受的假象。

记住,你的大脑也是以同样的方式运作的——不同的是,你仍然受益于两部分之间的联系,以帮助减少误解,但是误解仍然在时时发生。苏联心理学家、神经心理学的奠基人之一亚历山大·卢里亚(Alexander Romanovich Luria)把意识比作舞蹈,把左脑比作领舞者。既然所有的事情都是由它来做,那么有时候它不得不做出所有的解释。裂脑患者的虚构症只是你这种倾向的一种极端和放大版而已。你会对自己所做的每件事都产生叙事幻想,然后相信它们是真实的。你天生就是会虚构的动物。你总是向自己解释你行动的动机,解释你生活中各种结果的原因。但是,当你不知道答案的时候,你会无意识地编造故事。随着时间的推移,这些解释逐渐变成了你对自己是谁以及你在这个世界上的位置的看法。它们就是你的自我。

印度神经学家拉玛钱德朗(V. S. Ramachandran)曾经遇到过一个脑裂患者,他的左脑相信上帝,但是右脑却是个无神论者。他指出,从本质上来看,一个身体里有两个人——两个自我。拉玛钱德朗认为,你的自我意识部分是镜像神经元的作用。当你看到有人受伤或哭泣,当他们抓伤手臂或大笑时,这些复杂的脑细胞神经群就会被激活。它们让你感同身受,所以你几乎能感受到与他们一样的痛苦和瘙痒。镜像神经元能够发挥移情作用,帮你了解他人。近年来最伟大的发现之一是,当你做某事时,镜像神经元也会被激活。这就好像你大脑的一部分把自己当作局外人来观察。

你对自我的认识实际上是一个你讲给自己听的故事集合体。你进行内省,满怀信心地观察你的生活经历以及出现的所有的人物和背景——你就是这个故事中的主角。这一切都是伟大的、美好的虚构,没有它,你就不能工作。

当你度过一天的时候，你会想象一系列潜在的未来，想象出超出你感官范围的潜在情况。当你阅读新闻文章和非小说类书籍时，你为实际发生的情境创造了一个幻想世界。当你回忆起你的过去时，你立刻编造出你的过去——那是一个半真实、半虚幻的白日梦，而你对它的每一个细节深信不疑。如果你舒服地躺下来，想象自己环游世界，从一个港口到另外一个港口观看世界上所有的奇迹，你会用不同程度的细节想象描绘出整个世界，从巴黎到印度，从柬埔寨到堪萨斯，但是你知道实际上你并没有经历这次旅行。一些患有严重大脑疾病的患者无法分辨自己的虚构：

- 科尔萨科夫综合征（又被称为健忘综合征，表现为选择性认知功能障碍）患者对最近发生的事情患有健忘症，但能回忆起他们的过去。他们编造一些故事来代替他们的近期记忆，相信他们，而不会变得困惑。如果你问科尔萨科夫综合征患者在过去几周他们去了哪里，他们可能会说在医院的车库里工作，并且需要马上回去工作了。然而，实际上他们每天都在同一家医院接受日常治疗。

- 病感失认症（又称为病觉缺失症，患有此症的患者表现为不能觉察到自身疾病的所在）患者虽然瘫痪了，但他们却不承认。如果被要求移动他们失去行动能力的手臂去拿一块糖果，他们告诉他们的医生和亲人，他们患有严重的关节炎，或者因为自己体重超标才举不起胳膊。他们在撒谎，但他们不知道自己在撒谎。这种欺骗只是指向内部，针对自己的。他们真的相信这个虚构的自我。

- 患有"卡普格拉氏妄想症"（精神分裂症的一种）的人认为他们的亲朋好友被冒名顶替了。当这些患者看到认识的人时，大脑中负责情感反应的部分就会停止工作。他们认出了自己的亲人，却感觉不到他们之间的感情。因此，他们编造出一个故事来解释他们的困惑，并完全相信那个故事。

- 科塔尔综合征（一种妄想症）患者认为他们已经去世了。那些遭受这种痛苦的人会认为自己是来世的灵魂，并且对这种幻觉深信不疑，以至于有时会被活活饿死。

美国密歇根大学（University of Michigan）的理查德·尼斯贝特（Richard

Nisbett）和蒂莫西·迪坎普·威尔逊（Timothy DeCamp Wilson）在1977年发表于《心理学评论》(*Psychological Review*) 上的一篇文章中指出，心理学家长期以来一直认为，人类不会意识到自己的高级认知过程。在他们的论文中，对内省的概念提出了质疑，说人类很少意识到真正的刺激，这些刺激导致你多年来习以为常的某种反应，甚至也是持续一两天的某种反应。他们写道，在一项研究中，研究对象被要求回忆他们母亲的闺名。

你也来做吧。你不妨也来试一试。你母亲的闺名是什么？

研究实验中的下一个问题是，"你是怎么想起来的呢？"

是呀，你是怎么想起来的？

你不知道。你就是这么一想就想到的。你永远无法了解自己的思维是如何运作的，尽管你经常认为自己十分了解自己的想法和行为，自己的情绪和动机，但是在很多时候你对它们并不了解。内省的行为本身已经从你正在记忆的思想中向外转移了好几步。然而，这并不妨碍你以为自己真的了解它们，你真的能回忆起所有的细节，而这正是叙事的开始。虚构就是这样提供了一个框架，让你通过这个框架来了解你自己。

正如美国心理学家乔治·米勒（George Miller）曾经说过的那样，"它是思维的结果，而不是思维的过程，它自发地出现在意识之中"。换句话说，在很多情况下，你只是在报告你的大脑已经产生了什么，而不是指挥它的运转。意识的流动是一回事儿，而对意识流动的过程的回忆却是另一回事儿，但你通常认为它们两者是一回事儿。这是心理学和哲学中最古老的概念之一——现象学。这是研究人员之间关于心理学到底能在多大程度上深入大脑研究的第一次辩论。自20世纪初以来，心理学家一直在努力解决这样一个难题：如何在一定程度上分享主观经验？例如，红色看起来像什么？西红柿闻起来像什么？当你踢到脚趾时，是什么感觉？如果你必须向一个从未经历过这些的人解释这些，你会说什么？你会如何向一个生来就失明的人描述红色，或向一个从未闻过新鲜番茄的人描述新鲜番茄的味道？

这都是一种"感质"（哲学术语，是指心理状态的真实特质）。这是对自身体验的最深层次的认知挖掘，再挖下去就会碰壁了。大多数人都见过红色，但却无法解释这是什么感觉。你对体验的解释可能建立在"感质"之上，但不会再深入挖掘了。这些"感质"是意识不可言喻的基石。你只能将它们与其他体验联系起来进行解释，但你永远不可能向别人或者自己完全描述出对"感质"的体验。

在你的头脑中有很多你无法获得的东西；在坚硬的表层下面，你的思想和感情比你能直接看到的更为复杂。对于某些行为来说，前因是一些古老而进化的东西，是一种像你这样的人为了生存和发展而代代相传的偏好。你想在一个下雨的下午打个盹儿，也许是因为你的祖先在同样的条件下为寻求庇护和安全做出的决定。对于其他行为，其动力可能来自你从没有注意到的事情。你不知道为什么你想在感恩节晚餐中途离开，但你想出了一个在当时似乎合情合理的解释。但是事后回想起来，那种解释可能会改变。

美国哲学家丹尼尔·丹尼特（Daniel Dennett）把以这种方式看待自己的现象称为"异质现象"。他的主要见解是，当你解释为什么你会有这样的感觉，或者为什么你会做出那样的行为时，要半信半疑，就好像你在听别人告诉你他们晚上出去玩的事情一样。当你听别人讲述故事的时候，你会认为他们的叙述中增加了很多修饰，你知道他们只是告诉你事情在他们看来是如何发生的。同样地，你知道事实是如何展现的，它在过去是如何展现的，但你应该对自己的感知持一种保留态度。

在米勒和尼斯贝特的论文中，他们引用了许多研究成果，在这些研究中，人们意识到自己的想法，但不知道自己是如何形成这些想法的。尽管如此，受试者们通常都能给出一个解释，一种内省，而这种内省并不能说明真正的原因。在一项实验中，两组受试者在执行记忆任务时受到电击。在实验结束后，两组受试者被要求再进行一次测试。其中第一组受试者被告知，新一轮的电击对理解人类大脑的思维非常重要。另一组受试者被告知新一轮的电击只是用来满足科学家的好奇心。第二组受试者在记忆测试中的表现比第一组受试者要好，因为他们必须想出自己继续记忆任务的动机，即相信电击不会造成伤害。在他们看来，电击造成的伤害不会比第一组大，至少在后来的采访中他们是这样说的。

在另一项研究中，研究人员向两组自称他们非常害怕蛇的受试者播放蛇的幻灯片，并让他们听他们的心跳声（让他们相信听到的就是他们的心跳声）。偶尔会向一组受试者播放标注"电击"字眼的幻灯片。当他们看到这张幻灯片时，他们会被电击了一下，研究人员会在监视器上增加他们心跳的声音。之后，当他们被要求拿着一条蛇时，他们比没有看到电击字样幻灯片和听到伪造的心率增加声音的那组人更有可能给蛇注射。因为第一组受试者已经说服自己，比起蛇，他们更害怕被电击，然后用这种内省来真正减少对蛇的恐惧。

尼斯贝特和米勒在一家百货商店里建立了自己的实验室，在那里他们并排摆放着许多尼龙袜。当人们经过的时候，他们让这些人说出一组四件物品中哪一件质量最好。四分之一的人选择了右边的袜子，即使每双袜子的质量都是一模一样的。当研究人员问他们为什么做出这样的选择时，他们只会评论袜子的质地或颜色，而不会评论袜子摆放的位置。当研究人员询问展示的顺序是否会影响他们的选择时，他们向科学家保证，这对他们的选择不会造成任何影响。

在这些研究和其他许多研究中，受试者们从来没有说过他们不知道自己为什么会有这样的感觉和行为。他们不知道自己为什么对此毫无困惑。相反，他们为自己的思想、感觉和行为找到了正当的理由，继续前行，并未意识到自己的大脑是如何运作的。

你如何将幻想与现实分开？你怎么能确定你很久以前到此刻的每一分钟的生活是真实的？当你承认你无法确定的时候，你会找到一个令人愉快的辩护。任何人都无法做到，但我们依然存活着，兴旺繁荣。你自己眼中的你，就像是一部基于真实事件改编的电影，这未必是件坏事。细节可能会被修饰，但整体可能是一个值得一听的好故事。

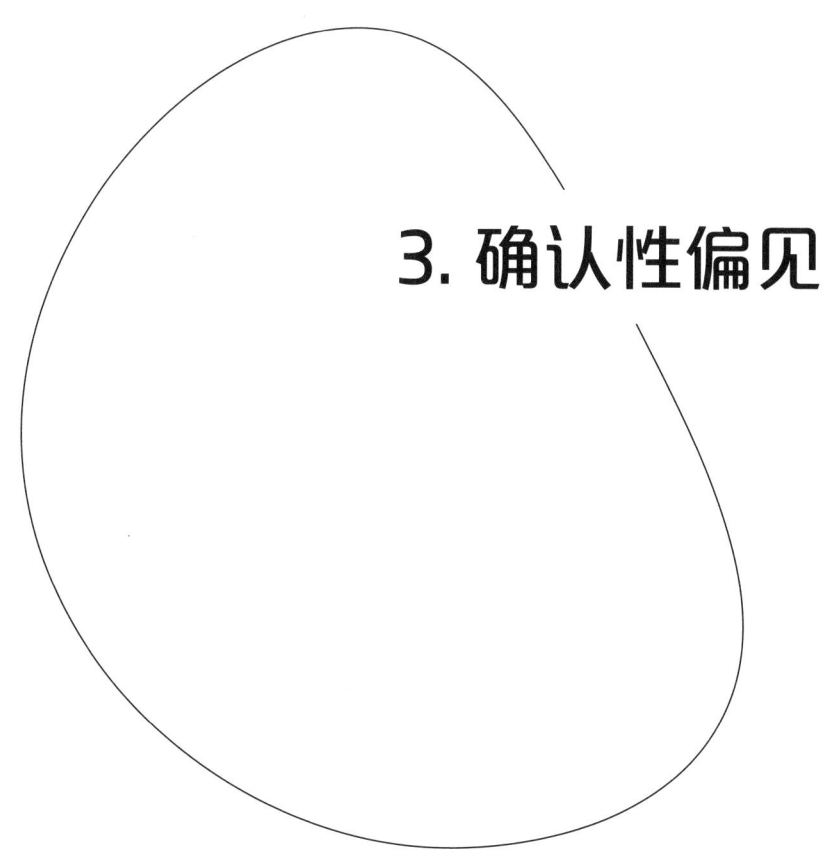

3. 确认性偏见

误解 | 你的观点是多年理性、客观分析的结果。

真相 | 你的观点是多年来关注那些证实你所相信的信息,而忽视那些挑战你先入之见的信息的结果。

3. 确认性偏见

你是否有过这样的经历，在某次谈话中提到一部老电影，比如《金童》（1986年上映的一部美国喜剧片），或者甚至是一些你更记不清的影片？

你大笑了起来，引用那部电影里的台词，还想知道那些你再也没见过的演员后来发生了什么事情，然后你就忘记了这件事情。

直到……

有天晚上你在换台，突然间你看到了一个频道在播放《金童》。这真是太不可思议了。

第二天，你读到一篇新闻报道，不知为什么，它提到了20世纪80年代的那些被人们遗忘的电影。天啊，有三段话提到了《金童》。那天晚上，你在一家影院看到了艾迪·墨菲（《金童》电影中的主角）主演的一部新电影的宣传片，然后你在街上看到一个广告牌，上面说艾迪·墨菲将要在城里表演单人脱口秀。后来你的一个朋友发送给你一个链接，通过链接你看到了《金童》中那个女演员的近照。

这是发生了什么事情？是全世界都在试图告诉你什么吗？

不是的。这就是"确认性偏见"的原理。

自从派对与朋友的对话以来，你已经多次换台了；你路过了许多广告牌；你读过了很多明星的故事；你还看过不少电影的宣传片。

问题是，你忽略了所有的其他信息，忽视了所有与《金童》无关的东西。在所有的混乱中，在所有的资料碎片中，你只注意到某些碎片，因为这些片段会让你回想起一些位于你大脑顶部的东西。几个星期前，当艾迪·墨菲和他的西藏冒险还淹没在你的脑壳里藏着的一堆流行文化中时，你根本不会特别关注到这些信息。

如果你在考虑购买某个品牌的一辆新车，你会突然发现路上到处都是开着这种品牌的车。如果你刚刚结束一段长期的恋情，你听到的每首歌似乎都是关于爱情的。如果你怀孕了，你会发现小宝宝无处不在。"确认性偏见"就是通过一个过滤器来看世界。

上面的例子是这种现象的一种被动版本。当确认性偏见扭曲了你对事实的积极追求时，真正的麻烦就来临了。

专家是一个建立在确认性偏见基础上的职业。拉什·林博和基思·奥伯曼，格伦·贝克和阿丽安娜·赫芬顿，雷切尔·麦道和安·库尔特（以上这六个人都是美国著名时政评论员）——这些人为信念提供了燃料，他们事先对世界进行过滤以匹配现有的世界观。如果他们的过滤器和你的过滤器一样，你就喜爱他们。如果不一样，你就讨厌他们。你看他们的评论，不是为了获取信息，而是为了确认你的信念。

当心点。人们喜欢别人告诉他们已知的事情。请记住这一点。当你告诉他们新事物时，他们会感到不舒服。新事物……，新事物并不是他们所期望的东西。他们想知道，比如说，狗会咬人。狗就是这样做的。他们不想知道人咬了狗，因为这个世界不应该是这样的。简而言之，人们认为他们想要的是新闻，但他们真正渴望的是被告知他们已经知道的是正确的。

——特里·普拉切特（Terry Pratchett），
《真相：碟形世界的小说》

在2008年美国总统大选期间，研究人员克莱布斯（Valdis Krebs）在orgnet.com上分析了亚马逊网站上的购买趋势。那些已经支持奥巴马的人，购买的是那些把他描绘成正面人物的书籍。那些本来就不喜欢奥巴马的人，购买了那些把他描写成负面形象的书籍。就像专家一样，人们买书不是为了获取信息，而是为了确认信息。克莱布斯研究了亚马逊网上书店的购书倾向，也分析了人们多年来在社交网络上形成的集群习惯。他的研究表明心理研究对"确认性偏见"的预测：你想证明你看待世界的方法是正确的，因此，你就需要尽力找出符合你信念的信息，尽力避免与你的信念相矛盾的证据和看法。

半个世纪的研究已经把"确认性偏见"列为最顽固的心理障碍之一。即将讲述某个故事的记者必须避免无视相反证据的倾向；想要证明某一假说的科学家必须避免设计出让其他结果几乎没有回旋余地的实验。如果没有"确认性偏见"，各种阴谋论就会分崩离析。我们真的把人送上了月球吗？如果你在寻找证明并非如此的证据，那你就可以找到。

1979年，马克·斯奈德（Mark Snyder）和南希·康托尔（Nancy Cantor）在明尼苏达大学进行的一项研究中，受试者先阅读了一本书，它讲述了一个虚构的名叫简的女人的一星期的生活经历。在这一星期中，简做了一些事情，这些事情表明在某些情况下她表现得很外向，而在另一些情况下表现得非常内向。几天之后，研究人员要求受试者回来。研究人员将这些受试者分成了几组，请他们帮助简决定是否适合从事某项工作。研究人员问第一组受试者简是否适合成为一名优秀的图书管理员，问第二组她是否适合做个优秀的房地产经纪人。第一组受试者记得简是内向的，而第二组受试者记得简是外向的。在这之后，当他们被问及简是否适合从事其他的职业时，这些受试者都坚持自己最初的评估，说她不适合其他工作。研究表明，即使在你的记忆中，你也会成为"确认性偏见"的牺牲品，你总是回想起那些支持你信念的事情，甚至是最近才建立的信念也是如此，而忘记那些与信念相矛盾的事情。

俄亥俄州立大学2009年的一项研究表明，如果一篇文章符合他们的观点，人们会多花36%的时间来阅读它。2009年在俄亥俄州立大学进行的另一项研究显示，受试者观看了喜剧节目《科尔伯特报告》（*The Colbert Report*，一档政治讽刺类脱口秀节目）的片段，那些自认为在政治上持保守态度的人一致表示，"科尔伯特只是假装在开玩笑，其实他说的是真心话"。

随着时间的推移，通过积累杂志、书籍和电视的订阅量，你可以变得对自己的世界观无比自信，没有人能够劝阻你。

记住，总有一些人愿意成为那些为寻求证实而把眼球献给广告商的受众。问问你自己，你是否也是这样的一个受众。在科学中，你通过寻找与事实相反的证据来接近事实。也许你可以使用同样的方法获取信息，形成你自己的意见。

4.后见之明偏见

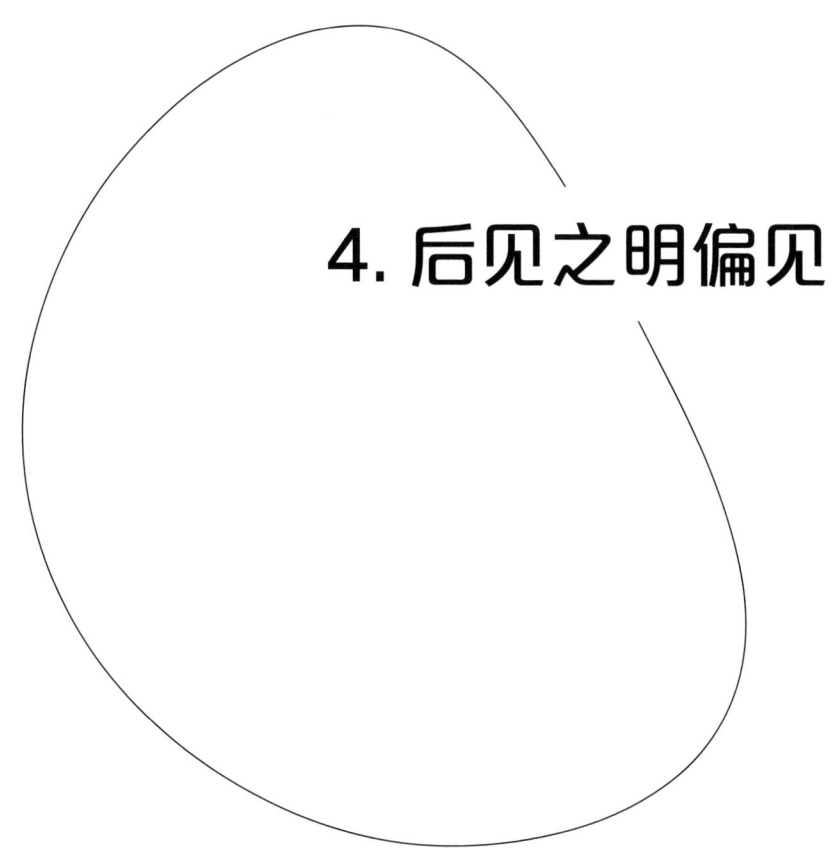

误解 | 当你习得了新事物后,你就会想到你曾经是多么无知或错误。

真相 | 你经常回顾你刚刚学过的东西,并认为你一直都知道,或者以为你一直以来都相信它们。

4. 后见之明偏见

"我就知道他们会输。"

"这正是我所预料的。"

"我早就料到了。"

"这是常识。"

"我就知道,你可能会这么说。"

你有多少次说过类似的话并且相信它?

事情是这样的:你倾向于编辑你的记忆,这样当发生了你无法预料的事情的时候,你就不会看起来像个十足的傻瓜。当你学习一些你一直都希望知道的事情时,你会继续前进,并假设你已经知道这件事情了。这种倾向是属于人的一部分,它被称为"后见之明偏见"。

请看这项研究的结果:

哈佛大学研究人员最近的一项研究显示,随着年龄的增长,人们往往会固守旧观念,难以接受与自己已经熟悉的观念相互矛盾的信息。研究结果似乎表明,老手学不了新把戏。

当然,研究证明了这一点。你一生都知道这一点,这是常识。

再看看另一项研究:

阿尔伯塔大学的一项目研究结果显示,积累了多年智慧的老年人,经过数十年来接触媒体,他们了解了大量的事实。与18岁的年轻人相比,老年人更容易提前完成四年制本科学位的课程学习,因为年轻人的大脑尚未发展完全,仍然处于发展之中。研究结果表明,"活到老,学到老"。

等一下。这似乎也是常识。

那么,到底哪一种是正确的呢?是"老手学不会新把戏"呢?还是"活到老,学到老"呢？

实际上，这两项实验都是我杜撰出来的。这两项实验都不是真实的研究（利用杜撰出来的研究是研究人员用来证明后见之明偏见的一种常用方式）。这两种情况似乎都有道理，因为当你学习新东西时，你很快就会编辑你的过往信息，这样你就能感受到永远正确的安慰。

1986年，挪威奥斯陆大学的卡尔·泰根（Karl Halvor Teigen）做了一项研究，他让学生评价一种谚语。泰根向受试者提供了一些名言，让他们来评价。当受试者被给予类似"不能以貌取人"这样的谚语时，他们倾向于同意这种智慧。你会怎么说？"你不能以貌取人"吗？从经验来看，你能想到证明这句话是真实的事例吗？"如果它长得像鸭子，游泳像鸭子，嘎嘎叫像鸭子，那么它可能就是鸭子。"你对这句话怎么看呢？这句话似乎也是常识吧？那么，这两种说法哪种是正确的呢？

在泰根的研究中，大多数受试者对被提供的谚语表示赞成，即使它们是自相矛盾的，他们也会选择全盘接受。当他让他们评价"爱情能战胜恐惧"这句话时，他们表示同意。当他提出相反的观点"恐惧能战胜爱情"时，他们也表示同意。泰根试图告诉大家，你认为是常识的东西通常不是常识。通常情况下，当学生、记者和门外汉听到科学研究的结果时，他们会说："是啊，当然不是。"泰根表示，这只是后见之明偏见在起作用。

你总是在回顾过去的你，总是在重塑你的人生故事，以更好地匹配现在的你。自从你生活在丛林和大草原上，你就需要保持一个清醒的头脑来驾驭这个世界。混乱的思想会让你陷入困境，被他们控制的身体会被吃掉。一旦你从错误中吸取教训，或者用好的经验代替坏的经验，保留垃圾信息就没有多大用处了，所以你要删除它。这删除了你以前不正确的假设，消除了你的思维混乱。当然，你是在欺骗自己，但这是有原因的。你把你所知道的关于一个主题的所有东西，所有你能当场想到的东西组合起来，然后构建一个心理模型。

就在尼克松总统启程前往中国之前，一位研究人员问人们，他们认为在尼克松访华期间发生某些事情的可能性有多大。后来,当旅程结束后,人们知道了结果,他们纷纷表示自己的统计假设比实际准确得多。同样的事情也发生在那些认为"9·11"恐怖袭击之后可能会发生另一场恐怖袭击的人身上。当没有发生袭击时,这些人回忆说,他们对再次袭击的概率估计要低得多。

"后见之明偏差"是"可用性启发"的近亲。你往往认为趣闻逸事和个别耸人听闻的新闻故事比真相更具有代表性。如果你在新闻中看到一些鲨鱼攻击事件,你会想,"天哪,鲨鱼失控了"。但是,你应该想到的是,"天哪,新闻喜欢报道鲨鱼袭击事件"。"可用性启发"表明,你根据手头的信息做出决定和思考,而忽略了可能存在的所有其他信息。你也会带着事后的偏见做同样的事情,你会根据你现在知道的,而不是你过去知道的来思考和做出决定。

当政客和商人谈论他们过往的决定时,了解后见之明偏见的存在应该会让你对他们的说辞产生合理的怀疑。另外,下次当你与网友、男朋友或女朋友、丈夫或妻子争论时,一定要记住这一点——对方真的认为他们从来没有错过,你也是如此。

5. 得克萨斯神枪手谬误

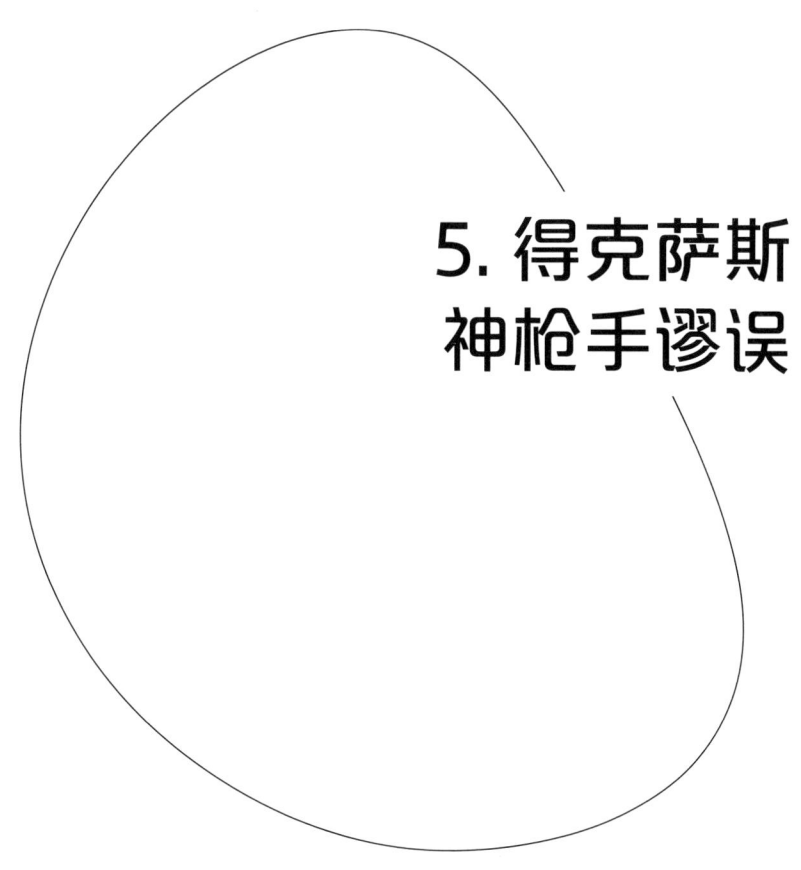

误解 | 在判断因果关系时,你会将随机性考虑在内。

真相 | 当结果看起来有意义时,或者当你希望一个随机事件能有一个有意义的原因时,你往往会忽视随机性。

5. 得克萨斯神枪手谬误

亚伯拉罕·林肯（Abraham Lincoln）和约翰·F. 肯尼迪（John F. Kennedy）都是美国总统，他们当选时间相隔了100年。这两个人都是被暗杀者开枪打死的，这两位刺客的名字分别是约翰·威尔克斯·布斯（John Wilkes Booth）和李·哈维·奥斯瓦尔德（Lee Harvey Oswald），他们的名字都有15个字母。这听起来令人毛骨悚然是吧？还有更奇怪的：肯尼迪有个秘书叫林肯。这两位总统遇害的日期都是星期五，遇刺时都是坐在妻子旁边，林肯在福特剧院遇刺，肯尼迪坐在福特公司生产的林肯牌车里遇刺。两个人的继任者都姓约翰逊——安德鲁·约翰逊是林肯的继任者，林登·约翰逊是肯尼迪的继任者。安德鲁生于1808年，林登生于1908年。这纯属巧合吗？

1898年，美国小说家摩根·罗伯逊（Morgan Robertson）写了一本名为《徒劳》（*Futility*，全名是 *Futility: or the Wreck of the Titan*《徒劳：或"泰坦号"沉船》）的小说。要知道这本书在"泰坦尼克号"沉没的14年前，也就是在"泰坦尼克号"开始建造的11年前就已经写成了。但是，这本小说与后来发生的"泰坦尼克号"沉船事件有着惊人的相似性。这部小说描述了一艘被称为"泰坦"的巨轮，那是一艘每个人都坚信它不会沉没的巨轮。它是迄今为止建造的最大的船只，船的内部看起来像是一个豪华酒店——这点和尚未建造的"泰坦尼克号"一样。泰坦上只有20艘救生艇，是这艘巨轮沉没时所需救生艇数量的一半。"泰坦尼克号"上有24艘救生艇，也比所需要救生艇数量少了一半。在这本书中，泰坦在4月撞上了距离纽芬兰400英里的冰山。多年以后，"泰坦尼克号"也在同一个月的同一地点上演了同样的悲剧。泰坦沉没，超过一半的乘客死亡，这与"泰坦尼克号"也惊人相似。书中描述的死亡人数和未来事故中的死亡人数几乎相同。更神奇的是两者的相似之处还不止于此。这个虚构的泰坦和真实的泰坦尼克号都有三组螺旋桨和两根桅杆。两艘轮船都能容纳3000人。两艘船都在近午夜时分撞上了冰山。难道罗伯逊有什么预感能力吗？我是说，这样巧合的概率能有多大？

在16世纪，诺斯特拉达姆斯（Nostradamus，1503—1566，法国医生、预言家，代表作是诗体预言集《诸世纪》）写道：

B'tes farouches de faim fleuves tranner,

Plus part du champ encore Hister sera,

En caige de fer le grand sera treisner,

Quand rien enfant de Germain observa.

这通常被翻译成：

饥饿的野兽将要过河，

战斗的大部分缘由将是针对希斯特的，

他要把伟人们关在铁笼里，

这个日耳曼之子不遵守法律。

这太不可思议了，因为这则诗中描述的正是那个约四百年后出生的留着小胡子的家伙。大家接下来再看另一则预言：

在西欧最深处，

穷人中会诞生一个小孩，

他必用话语诱惑许多人，

他将在东方王国声名大噪。

哇哦。希斯特听起来确实很像希特勒，第二个四行诗似乎把这一点说得更为清楚了。实际上，诺斯特拉达姆斯的许多预言都是关于一个来自日耳曼尼亚的人发动了一场伟大的战争，然后神秘地死去的故事。难道这又是一个巧合吗？

这一切看起来太神奇，因此不会仅仅是巧合那么简单；它太奇怪，不可能是随机发生的；发生得太相似，不可能是碰巧发生的。如果你真的这么认为，那么你其实没有你想象的那么聪明。请允许我解释一下。

假如你去参加约会，结果发现对方开的车和你开的是一样的。颜色不同，但型号相同。这很巧妙，但没什么了不起的。

假设后来你发现约会对象的妈妈的名字和你妈妈的一样，而且他（她）妈妈的生日也和你妈妈的生日是同一天。等一下，这真是太奇妙的一件事情了。也许命运之手正把你推向和你约会的那个人。后来，你发现你们俩都喜欢看《巨蟒剧团之飞行马戏团》的片场，而且你们俩都喜欢《拯救流浪者》。你们都喜欢吃比萨，但讨厌吃甘蓝菜。你认为这是命中注定的。你们就是天生的一对。

但是，请你退一步思考。现在，请大家再想想另一个问题。世界上有多少人拥有那种型号的汽车？你们两个年龄相仿，所以你们的母亲年龄也会相近，她们的名字在那个时代可能很常见。因为你们有着相似的背景，在同一个年代长大，所以你们很可能观看同样的儿童电视节目。人人都喜欢"巨蟒剧团"。人人都喜欢吃比萨。很多人都讨厌吃甘蓝菜。

从远处审视这些因素，你会承认这是巧合的现实。你被这个信号欺骗了，你忘记了噪声。为了解释意义，你忽略了随机性，但意义却是一个人臆造出来的。你犯的是"得克萨斯神枪手谬误"（Texas sharpshooter fallacy）。

这个谬误的名字来源于一个假想，一个牛仔在谷仓里练习射击，久而久之，谷仓的一侧就布满了窟窿。有些地方有很多，有些地方却很少。如果这个牛仔后来在他的弹孔聚集的地方画一个靶心，那么他看起来非常擅长用枪。通过在弹孔密集的地方上画一个靶心，牛仔将人为的秩序置于自然的随机机会之上。如果你有人类的大脑，你就会一直这样做。挑选出发亮的巧合是正常人类逻辑的可预见的错误。

当你被诺斯特拉达姆斯预言了希特勒的想法弄得晕头转向时，你就忽略了一个事实：他写过一千多则模棱两可的预言，而其中大多数预言根本没有任何意义。当你发现"希斯特"是多瑙河的拉丁名时，你似乎觉得这件事情就更不那么有趣了。

当你惊奇于泰坦和泰坦尼克的相似之处时，你就忽略了小说中只有13人幸存，并且那艘船很快就沉没了，"泰坦号"曾经有过很多次航行，并且还有船帆。在那本小说中，一位幸存者在获救前曾与一只北极熊搏斗。当你被林肯和肯尼迪的相似关联搞糊涂的时候，你就会忘记肯尼迪是天主教徒，而林肯是浸礼会教徒。肯尼迪死于步枪之下，而林肯死于手枪之下。肯尼迪在得克萨斯州遇害，而林肯在华盛顿特区遇害。肯尼迪有一头有光泽的赤褐色头发，而林肯的头发则是黑色的。

这三个例子有成千上万的不同之处，全都被你忽略了，但是当你把靶心指向事件的密集之处时，相似性就会显现出来。如果"后见之明偏见"和"确认性偏见"真的存在，那么"得克萨斯神枪手谬误"就是两者结合的结晶。

在拍摄真人秀节目时，制片人有数百小时的镜头。当他们把镜头压缩到一个小时，他们在一堆密集的事件周围画了一个靶心。他们在所有平凡的时刻中找到一种叙事，提炼出好的部分，把其余的抛到一边。这意味着他们可以从他们的混乱素材中创造出任何有序的故事。那个女孩真的是个可怕的婊子吗？那个头发涂了发胶、皮肤晒成古铜色的家伙真的那么蠢吗？除非你向后退，看看整个谷仓，否则你永远不会知道事实。

这种谬误的影响范围远远超过真人秀、总统逸事和令人毛骨悚然的巧合。当你用"得克萨斯神枪手谬误"来确定因果关系时，它会给人们造成伤害。科学家们提出了一个假设，然后试图用新的研究来推翻它，其中一个原因是为了避免"得克萨斯神枪手谬误"。流行病学家在研究导致疾病传播的因素时需要尤其警惕这种谬误。如果你在观看一幅美国地图，上面用圆点标出了癌症发病率最高的地方，你会注意到有圆点聚集的地方。看起来有充分的迹象表明什么地方的地下水肯定被污染了，或者高压电线正在用破坏性的能量场攻击人类，或者手机信号塔正在伤害人们的器官，或者在什么地方一定测试过核弹。这样的地图像极了神枪手的谷仓，假设癌症高发区存在导致癌症的原因，就像在它们周围画靶心一样。通常情况下，癌症群并没有可怕的环境诱因。有许多因素都发生了作用。在这些地方有血缘关系的人往往

5. 得克萨斯神枪手谬误

住得很近。老年人倾向于退休后居住在同一地区。在同一地区，饮食、吸烟和锻炼习惯往往相似。毕竟，有高达三分之一的人会在他们的一生中患上癌症。接受存在癌症高发区这样的事情通常只是巧合，但这通常非常令人不安。这种无力感，那种你对偶然的机会毫无防备的感觉，可以通过挑出一个对手来缓解。有时候你需要一个坏人，而"得克萨斯神枪手谬误"就是一种制造坏人的方法之一。

根据疾病控制中心的数据，从2002年到2006年，8岁儿童中患有自闭症的病例增加了57%。回顾过去20年，自闭症的发病率上升了200%。如今，每70个男孩中就有一个男孩患有某种形式的自闭症谱系障碍。当这些数字第一次发布时，这看起来绝对让人担忧不已。世界各地的父母都非常恐慌。一定是什么原因导致了自闭症人数的上升，对吧？在初期，靶心被画在了疫苗周围，因为那些症状似乎与儿童接种疫苗的时间差不多。一旦人们瞄准了一个目标，一个事件密集区，他们就看不到所有其他相关的因素了。经过多年的研究，加上数百万美元的投入，疫苗已被排除在外，但许多人拒绝接受这一发现。单独挑出疫苗而忽略其他数以百万计的因素，就如同注意到泰坦撞上了冰山却忽略了它有船帆一样的情况。

赌场里的幸运儿，篮球赛里的投篮高手，龙卷风中幸存的教堂——这些都是人类在事后发现意义的例子，这些是在计算了成功概率和成功次数之后找出的意义。你忽略了你失败的次数，忽略了篮球未投中篮筐的次数，忽略了所有被龙卷风盲目吞噬的住宅。

在第二次世界大战期间，伦敦人注意到德国飞机投放的炸弹袭击总是漏掉某些社区。人们开始相信德国间谍住在那些没有被轰炸的建筑物里。但事实上，他们并没有住在那里。心理学家丹尼尔·卡尼曼（Daniel Kahneman）和阿莫斯·特沃斯基（Amos Tversky）随后进行的分析证明，德国人的轰炸模式是随机的。

只要人们寻找意义，你都会发现"得克萨斯神枪手谬误"。对于许多人来说，当你接受这样的观点：眼球会发生随机的突变，或者烤面包上随机烤出来的图案可能看起来像一个人的脸，那么这个世界就会失去很多光泽。

如果你洗一副牌并任意抽出10张，你抽到同花顺牌的概率是几万亿分之一，不管它们是什么花色。如果你真的抽出了同花顺，可能会让人大吃一惊，但其他10张牌出现同花顺的概率也是一样的。意义是人类臆想出来的构念。

请你从窗户往外面看。看到那棵树了吗？它生长的那个地方，是在数十亿个星系中的银河系中，围着银河系的恒星运转的某个星球上的一个小点。这种概率是如此的小，以至于它似乎有意义，但那意义只是你想象的一个虚构。你正在一个巨大的谷仓里的事件密集之处画一个靶心。那棵树存在的概率和它旁边的那块土一样，都小到了天文数字。同样的道理，如果你在沙漠中发现了一只蜥蜴，或者在天空中发现了一片云，或者在太空中只看到了独自飘浮的氢原子，这样的概率也非常小。你放眼望去，在任何地方都会百分之百地发现在某地存在某物，但是只有对意义的需求才会改变你对所见之物的感觉。

承认混乱、无序和随机的偶然性统治着你的生活，统治着宇宙本身，是非常痛苦的。当你需要一个模式来提供意义，来安慰你，来指责别人的时候，你就会犯下"得克萨斯神枪手谬误"。你修剪草坪，整理银餐具，梳理头发。只要有可能，你就会反对熵的力量，阻止它们无休止的错乱。你这样做的动机是天生的。你需要秩序。秩序让人更容易做人，更容易驾驭这个混乱的世界。对于远古人类来说，模式识别带来了食物，并且保护他们不受伤害。你之所以能读到这些文字，是因为你的祖先识别出了模式，并改变了他们的行为，从而更好地获取食物，避免成为食物。进化使我们成为寻找事件集群的人，在事件密集区，偶然事件像沙子一样堆积成了沙丘。

美国天文学家卡尔·萨根（Karl Edward Sagan）说，在浩瀚无垠的太空中，与妻子共享一个星球和一个时代，是一种快乐。尽管他知道命运没有安排他们在一起，但这并没有带走他和她在一起时的奇妙感觉。

你随处都能发现模式，但有些模式是偶然形成的，毫无意义。在概率论的嘈杂背景下，事物总是无缘无故地时不时地排成一行。这正是数学计算要解决的结果。认识到这一点是忽略无关紧要的巧合的重要一步，也是认识到在这个星球上，在这个时代，什么对你有真正意义的重要一步。

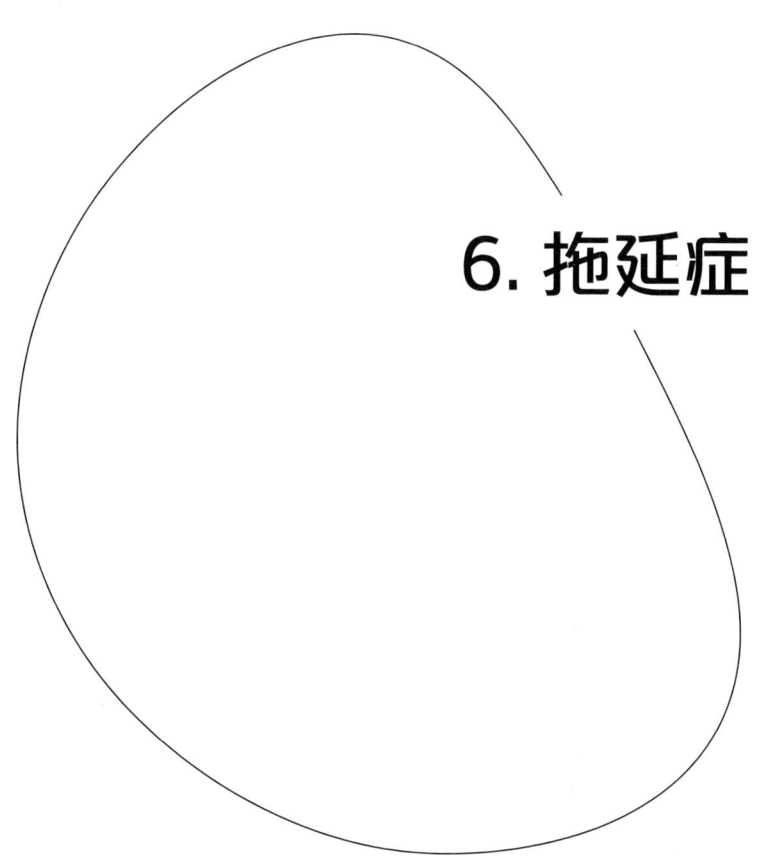

6. 拖延症

误解 | 你拖延是因为你懒惰,不能很好地管理好你的时间。

真相 | 拖延症是由面对冲动和思考失败时的软弱助长而成的。

奈飞公司（Netflix, Inc. 美国最大的在线光盘租赁公司）揭示了一些关于你的行为特点，你现在应该已经注意到了，在你和你想要完成的事情之间一直存在着一些隔阂。如果你享受奈飞的服务，特别是如果你在电视上播放奈飞的流媒体，你就会逐渐积累数百部电影，并认为你自己日后会观看它们。

看看你存储的光碟。为什么有那么多收集的纪录片和剧情片上布满了灰尘？现在你可以根据记忆找到《死囚漫步》（*Dead Man Walking*，根据真实故事改编的美国影片，于1995年出品）的封面了。你为什么总是对它置之不理？

为什么你一直不停地租影碟，影碟越来越多，但你却从来不看，这是为什么呢？心理学家知道这个问题的答案。同样的原因也能够解释你为什么相信你迟早会在生活的其他部分做出对你最有益的事情，但是却很少这么去做。

1999年，理德（Read）、劳温斯坦（Loewenstein）和卡亚那拉曼（Kalyanaraman）开展了一项研究，他们让受试者从24部电影中挑选3部。这里面有些影片是通俗的，像《西雅图夜未眠》或《窈窕淑女》。有些影片是像《辛德勒的名单》或《钢琴》这样的高雅作品。换句话说，这是让受试者在两类影片中做出选择，要么是有趣的和容易忘记的电影，要么是难忘的但需要通过更多的努力来领悟其含义的影片。在受试者做出选择之后，让他们必须马上把这部电影看完。然后，他们必须在两天内观看另一部影片，在那之后的两天内观看完第三部影片。大多数人选择《辛德勒的名单》作为他们挑选出的三部影片中的一部影片。他们知道这是一部伟大的电影，因为他们所有的朋友都这么说，并且它拿下了几十个最高奖项。然而，大多数人并没有选择在第一天观看《辛德勒的名单》。相反，人们倾向于在第一天选择观看通俗的电影。只有44%的人选择在第一天观看体裁比较严肃的电影。大多数人在知道必须马上观看电影的情况下，倾向于选择《面具》（*The Mask*）这样的喜剧或者《生死时速》（Speed）这样的动作片。受试者首先制订了计划，63%的受试者选择高雅的电影作为他们观看的第二部电影，71%的受试者选择高雅的电影作为他们观看的第三部电影。当研究者再次开展实验时，但告诉受试者他们必须连续观看所有三部选择的电影时，受试者选择《辛德勒的名单》的可能性少了13次。研究人员有一种直觉，人们会先吃垃圾食品，然后再计划吃健康的食品。

多年来的许多研究表明，你的偏好往往会随着时间的变化而改变。当被问及你是否愿意一星期后想要吃水果还是喜欢吃蛋糕时，你通常会说吃水果。一个星期之后，若给你一块德国巧克力蛋糕和一个苹果时，你更有可能选择吃那块巧克力蛋糕。

正是因为如此，你存储的影碟中有那么多影片，但是你不去看，却去看《居家男人》（一部美国系列喜剧动画片）。从奈飞里面选择影片，就像是让你在糖果棒和胡萝卜棒之间做出选择。当你提前做计划时，你头脑中的理性天使会让你做出有营养的选择，但真正到了吃的那一刻，你会选择味道好的那种食物。

这种现象有时被称为"当前偏见"（present bias）——无法理解你想要的东西会随着时间的推移而改变，你现在想要的东西和你以后想要的不一样。"当前偏见"解释了为什么你买了生菜和香蕉，却忘记了吃，后来只好把它们扔掉了。正是因为"当前偏见"，你小时候会纳闷为什么成年人没有更多的玩具。"当前偏见"也解释了为什么你已经连续十年做出同样的决定，但唯独这次你是认真的。你决定要减肥，练就六块腹肌，这样就可以使得体重秤的指针发生偏转。

你先称了称自己的体重。你购买了一张减肥的DVD光盘。你制订了一套减肥计划。然而当有一天让你在跑步和看电影之间做出选择时，你还是选择了看电影。而另一天，你和朋友出去吃东西，在芝士汉堡或沙拉中做出选择时，你选择了芝士汉堡。这种情况发生得越来越频繁，但你一直说你会找时间减肥。你将在星期一开始减肥，也就是下个星期的星期一。你的意志一次次屈服于千万个理由和借口。当冬天来临的时候，你似乎已经知道明年你的决心是什么了——减肥。

拖延症在你生活的方方面面体现得淋漓尽致。

你等到最后一刻才去购买圣诞礼物。你一拖再拖才去看牙医，不断推迟去看医生，不断推迟去报税。你忘了登记投票选举。你忘了给汽车换机油。厨房里的盘子越堆越高。你难道现在不应该洗衣服，这样一来你就不用浪费整个星期天来洗你所有的衣服了吗？

也许比起选择玩"愤怒的小鸟"，做仰卧起坐的风险更大。你可能必须在最后期限之前提交提案、上交论文或者归还借书。

你会抽出时间去做。你明天就开始做。你会抽出时间学习一门外语，学习一种乐器。总有一天你会读到越来越多的书。

在你这么做之前，也许你应该首先检查一下你的电子邮件。你也应该去脸书网，把它关掉，别让它妨碍你的进程。喝杯咖啡可能会让你精神抖擞，而且也耽误不了多长时间。也许还得观看完几集你喜欢的节目。

你可以试着抵抗这种冲动。你可以购买一张每日计划表，在你的手机里安装一个待办事项列表应用程序。你可以自己写一些提醒你去做事情的便条，或者填写日程表。你可以成为一个高效的瘾君子，身边有很多工具可以让你的生活变得更有效率，但这些工具本身并不能帮助你，因为问题不在于你是一个糟糕的时间管理者，而在于你是一个差劲的战术家。

拖延症是人类生活中普遍存在的一个因素，市面上承诺能帮你改掉拖延症坏习惯的书至少得有600种。仅2011年一年，就有120本关于这个话题的新书出版。很明显，这是每个人都会面对的一个共性问题，那么为什么它如此难以克服呢？

要解释这个问题，可以考虑一下棉花糖的力量。

美国心理学家沃尔特·米歇尔（Walter Mischel）于20世纪60年代末和70年代初在斯坦福大学（Stanford University）进行了一系列实验。其中在一项实验中，他和他的研究人员与一群孩子做了一场交易。孩子们坐在桌子前面，桌子上摆放着一个铃铛和一些食物。他们可以选择一个椒盐卷饼，一个饼干，或者一个巨大的棉花糖。他们告诉那些小男孩和小女孩，他们可以马上吃，也可以等几分钟再吃。如果他们能够等待几分钟再吃，他们得到的奖励就会翻倍，并得到双份好吃的。如果他们不愿意等待，他们需要摇铃铛，研究人员听到铃声后将结束实验。

有些孩子压根没有尝试自我控制，马上就开吃了。另一些孩子则紧盯着他们渴望吃到的美食，直到他们屈服于美食诱惑。许多孩子痛苦地扭动着身体，搓着手脚，眼睛望向别处。有些孩子还发出了笨笨的抱怨声音。最后，三分之一的人没有抵住美食的诱惑。这项实验一开始只是一个关于延迟满足的实验，几十年后的今天，这项实验却产生了一系列关于元认知的更有趣的启示——思考。

米歇尔跟踪了所有受试者的日后的生活，从高中到大学，一直到成年，在这期间他们逐渐有了自己的孩子、贷款和工作。这项研究结果表明：那些能够克服短期奖励欲望，以获得更好结果的孩子并不比其他孩子更聪明，也不是不那么贪吃。他们只是更好地掌握了如何说服自己去做对自己最有利的事情。他们没有看食物，而是看着墙。他们没有去闻糖果，而是在轻轻地跺脚。在美食面前等待对所有的受试者来说都是一种折磨，但有些人知道，坐在那里盯着美味的巨大棉花糖而不屈服简直是不可能的。那些更善于克制自己想要抓起棉花糖大快朵颐的欲望的人，也用同样的能力从生活中挤出更多的东西。那些很快就摇铃的受试者表现出了更高的行为问题发生率。那些能坚持到最后没有吃棉花糖的受试者，他们最终的SAT分数比那些吃了棉花糖的人平均高出200多分。

思考我们的思维，这才是关键。在"应该"和"想要"之间的斗争中，有些人发现了一个至关重要的问题——"想要"永远不会消失。拖延症就是选择"想要"而不是"应该"，因为你没有制定计划来应对那些可能被诱惑的时刻。你真的不善于预测自己未来的精神状态。此外，你很不善于在现在和未来之间做出选择。未来是一个黑暗的地方，其中的任何事情都可能出错。

如果我现在给你50美元，或者一年后给你100美元，你会选择哪个呢？很明显，你会选择现在要50美元。毕竟，谁知道一年后会发生什么事情呢？如果我在5年后给你50美元或者6年后给你100美元呢？除了增加一个延迟元素之外，一切都没有改变，但是感觉等待100美元似乎成了非常自然的选择。毕竟，你已经等待了很长时间了。一个纯逻辑的人会认为，"多出来的就是更多的"，我必将每次选择更多的数量，但事实上你并不是一个纯逻辑思维的动物。面对两种可能的回报，你更有可能选择你现在可以享受的，而不是你以后会享受的——即使以后的回报要大得多。现在，重新整理你电脑上的文件夹似乎比某个可能会让你丢掉工作或文凭的任务更有意义，所以你要等到任务提交最终期限的前一天晚上才去完成。如果你考虑一个月后哪个更有价值——是继续拿到工资还是拥有一个整洁的桌面——你会选择对你更有益的。当你不得不等待时，你就会变得更加理性，这种倾向被称为"双曲线折扣"（一种经济学理论，其认为人们在做决策时相较于未来的收益会更重视现在的效益），因为随着时间的推移，你对更高的薪水的期待也越来越少，这种倾向在图表上呈现出了一个非常漂亮的斜率。

从进化的角度来看，现在总是做有把握的事是有道理的；你的祖先不必为退休或心脏病忧心。你的大脑在一个你可能活不到见你的孙子孙女的世界里进化。你大脑中愚蠢的猴子部分想要吞下糖果，并深陷债务之中。

"双曲线折扣"会让你把所有不想处理的事情都抛到脑后，安排在"未来"，但你也会出于同样的原因，在未来计划中过度承诺。你现在没有时间去完成事情，因为你认为在未来，在那个充满可能性的神秘的幻想世界里，你会比现在有更多的空闲时间去完成那些事情。

要想知道你在处理拖延症方面多么糟糕，最好的方法之一就是注意你是如何对待最后期限这件事情的。假设你重回学校，你必须在三个星期内完成三篇研究论文，导师允许你自己设定截止日期。你可以选择每星期交一篇，或者第一星期交两篇论文，第二星期交一篇。你也可以在最后一天把三篇论文全部交上来。你甚至可以选择在第一周结束的时候把这三篇论文都交上来，这样早早就完成了任务。你做出的选择完全取决于你，但一旦你做出选择，就必须坚持你的选择。如果你错过了最后期限，你会得到一个大大的零分。

你会做出怎样的选择呢？最理性的选择是最后一天上交三篇论文。因为这给了你足够的时间去努力完成这三件事，并尽可能最好地完成工作。这似乎是一个明智的选择，但你没有那么聪明。

在2002年克劳斯·韦坦布洛克（Klaus Wertenbroch）和丹·艾瑞里（Dan Ariely）进行的一项研究中，同样的选择被提供给了一组学生。他们分三节课，每人有三周时间完成三篇论文。A班必须在最后一天上交所有三篇论文，B班必须选择三个不同的截止日期并严格遵守，C班每周必须上交一篇论文。哪个班的成绩比较好？有三个具体期限的C班表现最好。B班的学生必须提前选择最后期限，但他们有完全的自由。B班的学生表现居中，而只有最后一天是最后期限的A班最差。能够选择任意三个最后期限的学生，往往会把它们分散开来，间隔一周左右。他们知道自己会拖延，所以他们设立了一些区域，强迫自己去完成。然而，过于乐观的人要么等到最后一分钟，要么选择了不切实际的目标，从而拉低了全班的分数。完全没有指导方针的学生倾向于把他们的作业推迟到最后一周写三篇论文。那些没有选择，被迫分散他们的拖延症的人表现最好，因为异常值被消除了。那些对自己的拖延倾向不诚实的人，或者那些过于自信的人没有机会欺骗自己。

如果你不相信自己会拖延或理想化地认为自己在努力工作和管理时间方面是多么的优秀，你就永远不会想出一个策略来战胜自己的弱点。

拖延是一种冲动；它会让你在超市的收银台处购买糖果。拖延症也是一种"双曲线折扣"，选择当前你能够确切得到的东西，而放弃未来不能确切得到的东西。你必须善于思考你的思想来战胜拖延症。你必须意识到，现在坐在这里读这一章节的是你，将来某个时候，你会受到另一套思想和欲望的影响；你的大脑功能的另一个调色板将用于绘画现实。

现在，当你选择准备考试而不是去俱乐部玩乐，选择吃沙拉而不是吃蛋糕，选择写论文而不是玩视频游戏的时候，你可能会明白成本和回报两者之间的得失。关键是要接受现在的你不是面对那些选择的那个人，因为"未来的你"是一个不可信任的人。"未来的你"会屈服，然后回到"现在的你"——你会感到软弱和羞愧。"现在的你"必须说服"未来的你"，让你做出对双方都有利的事情。这就是为什么那么多人钟情于像"营养食谱"这样的减肥计划。"现在的你"花了大笔钱购买了一大箱子食品，而"未来的你"将不得不处理掉它们。了解这一概念的人会使用自由（Freedom）之类的电脑程序，该程序可以让电脑关闭互联网达8小时之久，这一工具能让"现在的你"阻挡"未来的你"破坏你的工作。

心理成熟者能够思考人的思维和心态，也可以思考环境和背景。他们能把事情做好，并不是因为他们有更强的意志力或者有更大的动力，而是因为他们知道，追求效率能够对抗人类一些幼稚的原始偏好，这些偏好就是追求快乐和新奇。你最好努力用智慧来战胜现在的自己，而不是通过在日历上填上日期或者设定俯卧撑的最后期限等行为来做出一些空头承诺。

7. 常态偏见

误解 | 当灾难降临时,你会产生"战斗或逃跑"的本能的思考,并因此而感到恐慌。

真相 | 在面对危机时,你常常会变得异常冷静,假装一切正常。

7. 常态偏见

如果你知道一个可怕的宽幅约有一英里的自然力量正向着你的家移动,你会选择怎么做?你会给你爱的人打电话吗?你会不会跑去外面观察即将来临的暴风雨?你会跳进浴缸并用床垫盖住自己以确保安全吗?

无论你在生活中遇到什么,你最初都会将其视为正常情况加以分析,会参照被你视为常态的背景信息,然后将新信息与你所掌握的常态信息进行比较和对照。正因为如此,你倾向于去解释那些奇怪而令人担忧的情况,仿佛这些情况只是日常工作的一部分。

1999年,一场连续刮了三天的可怕的龙卷风横扫了美国俄克拉何马州的乡村。其中有一种巨大自然力,后来被称为"克里克—摩尔F5龙卷风"。这个名称里的"F5"来源于"增强式藤田等级"(Enhanced Fujita Scale),它从EF1到EF5级标记了龙卷风的强度。只有不到1%的龙卷风能够达到最高水平。强度为F4级的龙卷风,能使得汽车腾空而起,能将整座房屋夷为平地。要达到"增强式藤田等级5级",龙卷风的速度必须超过每小时200英里。"克里克—摩尔F5龙卷风"的风力达到了320英里每小时。在那场龙卷风到来前13分钟就已经发布了警报,但是当那个恶魔般的龙卷风逐渐逼近时,许多人居然没有采取任何防范措施。他们在附近转来转去,寄希望于那个杀手能够饶过他们。他们没有逃到安全之地。最终,那头野兽摧毁了8000所房屋,杀死了36人。如果事先没有给出任何警告,肯定会有更多的人死亡。例如,1925年的一次类似的龙卷风造成了695人死亡。那么,既然事先发布了警告,为什么有些人不听从号召采取行动,设法寻找避难所呢?

龙卷风研究者和气象学家对于在危险面前犹豫不决的倾向是理解的,也能够预料到。那些选择安然度过飓风和龙卷风的人的故事是很常见的。气象学家和应急管理人员知道,当恐惧进入你的心灵时,你可能会被笼罩在一片平静之中。心理学家称之为"常态偏见"。最早的研究人员称之为"消极恐慌"。这种在紧急情况下忘记自我保护的奇怪的反作用倾向经常给诸如船舶沉没、体育场疏散等各种突发情况带来致命后果。灾难片中所描述的人民面对灾难时的反应是完全错误的。当你和其他人收到警告，被告知危险时，你是不会一边尖叫，一边使劲挥舞手臂，立即撤离的。

龙卷风研究者马克·斯温沃德（Mark Sevenvold）在他的《坏天气》中描述了"常态偏见"是如何传染的。他回忆说，人们经常试图说服他在逃离即将到来的厄运时要冷静下来。他说，即使龙卷风警报发出，人们也认为这是别人的事情。他说，身为利益相关者的同行们会试图让他感到羞愧，让他克制自己，这样他们才能保持冷静。他们不希望它让他们为了感到一切正常所付出的努力白白浪费掉。无论问题的严重程度如何，"常态偏见"都会悄悄渗入到你的大脑中。无论你还有多少天的逃难时间或者收到多少次警告，无论几秒钟后你生死未卜，"常态偏见"都会出现。

想象一下，你现在正坐在一架波音747飞机上，飞机在经过长途的飞行后即将着陆。当你听到起落架在跑道上发出的吱吱声，地面向你逼近时，你会松一口气。当引擎熄火时，你会松开攥着的双手。你能感觉到飞机上的400人正忙着准备下飞机。单调乏味的滑行旅程开始了。你回忆着在这架巨大的飞机上所经历的一些瞬间，想着这是一次多么愉快的飞行啊，几乎没有颠簸，周围的乘客也都很好。你已经在收拾东西，准备取下安全带了。你望向窗外，试图在雾中辨认出一些你熟悉的东西。在没有任何预兆的情况下，一阵热浪和压力扑来，撕裂着你的肌肉。一声可怕的爆炸撞击着你的器官，充斥在飞机的各个角落。一声巨响冲进了你的耳膜，就像听到了两列火车在你下巴下相撞的声音。你周围的空间到处都在爆炸，用带着火焰的飘带填满每一个缝隙和裂缝，从通道里奔涌而下，越过你的头顶，在你的脚下燃烧。它们以同样的速度很快退去，留下难以忍受的热浪。你的头发瞬间化成了灰烬。现在你所听到的，只剩下了大火的噼啪爆裂声。

想象你现在就坐在这架飞机上。飞机的顶部消失了,你可以看到你头顶的天空。火柱也正在上升。客机两侧的破洞通向自由。你会作何反应?

你可能以为自己会跳起来大喊:"大家赶紧离开这个地方吧!"即使不是这样,你可能认为自己会蜷缩成胎儿的姿势保护自己,并且会惊恐万分。从统计学上讲,这两种情况都不太可能发生。你可能会做出一些奇怪的举动。

1977年,在加那利群岛的一个名叫"特内里费"的岛上,因为一系列错误操作,一架波音747客机在起飞时与另外一架波音747飞机相撞。泛美航空公司一架载有496人的客机在浓雾中沿跑道滑行,荷兰皇家航空公司一架载有248人的飞机要求塔台获准其在同一条跑道上起飞。由于雾太大,荷兰皇家航空公司的机组人员无法看到另一架飞机,控制塔也无法看到这两架飞机。皇家航空公司的机组人员听错了指令,他们以为得到了起飞许可,于是他们开始朝另一架飞机飞跑去。空中交通管制员试图警告他们,但无线电干扰扰乱了通信信息。当荷兰皇家航空公司的机长看到前面的另一架飞机时,为时已晚。他使劲地往上拉,尾巴拖在地上,但就是飞不起来。荷兰皇家航空公司的飞机一半机身以每小时160英里的速度撞向泛美航空公司的飞机时,机长大叫了起来。

这架荷兰皇家航空公司的飞机撞上泛美航空公司的喷气式飞机后反弹,弹起了500英尺,然后在一次可怕的飞机燃料爆炸中坠落。船上的每个人都被炸成了碎片。火烧得很厉害,一直烧到第二天才熄灭。

救援人员纷纷冲上停机坪,但他们并没有开车前往泛美航空公司的客机。相反,他们冲向了燃烧着的荷兰皇家航空公司的飞机残骸。在混乱的20分钟里,消防队员和急救人员以为他们只在处理一架飞机,并认为从远处的雾中冒出来的火焰只是更多的飞机残骸。泛美航空公司航班上的幸存者没有获救。引擎仍然在全速运转,因为飞行员试图在最后一秒转弯,而机组人员无法关掉引擎,因为电线已经断了。这次坠毁把这架波音747的上半机身削掉了大半。人们被撞得支离破碎。火焰在成堆的尸体中蔓延。大火开始吞噬整架飞机。浓烟吞灭了机身。为了生存,人们必须迅速采取行动。他们必须解开安全带，穿过混乱，走到没有受损的机翼上，然后跳下20英尺，掉到飞机的残骸上。逃出来是有可能活命的，但不是所有的幸存者都愿意尝试。有些人立刻行动了起来，解开亲人和陌生人的安全带，把他们推到舱外安全的地方。但是另外那些人选择留在机舱里，被大火烧死了。不久之后，飞机的主燃料箱爆炸了，除70人外，其他所有人都丧生。

根据阿曼达·里普利（Amanda Ripley）在他的著作《不可思议》（The Unthinkable）一书记录的情况，此次事故的调查人员后来表示，最初撞击的幸存者在火灾发生前还有一分钟的逃跑时间。在那一分钟里，几十个本来可以逃脱的人没有采取任何行动，只是瘫痪在原地未动。

为什么这么多人在生死攸关的十几秒中手足无措？

心理学家丹尼尔·约翰逊仔细研究了这种奇怪的行为。在他的研究中，他采访了特内里费岛坠机事故的幸存者，以及其他许多灾难的幸存者，其中包括摩天大楼火灾和沉船事故，以便更好地理解为什么有些人逃离，而有些人却选择不逃离。

在他对泛美航空公司飞机上的乘客保罗·赫克和弗洛伊·赫克（Paul Heck and Floy Heck）的采访中，他们回忆道，不仅在他们忙着寻找出路的时候，他们的旅伴一动不动地坐着，而且在他们从一些人身旁跑过的时候，还有几十个人也根本没有努力站起来。

在事故发生的最初几分钟，就在飞机顶部被切开之后，保罗·赫克向他的妻子弗洛伊望去。她一动不动，只是呆坐在座位上，无法理解发生了什么事。他大喊着要她跟着他。他们松开安全带，把手紧握在一起，当浓烟刚开始翻腾时，他把她带出了飞机。弗洛伊后来意识到，她只要大声叫其他乘客们跟他们一起走，就有可能把那些未昏迷的人救出来，但是她自己也处于迷糊的状态，甚至没有逃跑的想法，因为她只是盲目地跟着她的丈夫。几年后，弗洛伊·赫克接受了《奥兰治县报》（Orange County Register）的采访。她告诉记者，她记得自己在从机舱裂缝口跳出来的那一瞬间还回头望了望。她看见她的朋友还坐在他们旁边的座位上，双手交叉放在膝盖上，双眼呆滞。她的那位朋友后来在火灾中丧生。

在任何危险的事件中，比如沉船、炼狱、枪击事件或龙卷风等，你都有可能被危险的、充斥着的模糊信息压垮，而去选择什么也不做。你会犹豫不决，就像一座毫无意义的雕像立在你所待的地方。你甚至会选择躺下。如果没有人前来帮助你，你就会死。

兰开斯特大学的心理学家约翰·利奇（John Leach）也研究了"压力下的冻结"现象。他说，大约75%的人无法在灾难性事件或即将到来的末日中进行理性的推理。在危机时刻，钟形曲线两边的15%左右的人要么做出反应并毫发无损，要么是哭哭啼啼，陷入混乱的恐慌。

根据约翰逊和利奇的研究结果，那些幸存下来的是那些提前做过最坏准备的人。他们对紧急情况做了研究，建造了避难所，并参加了演习。他们寻找生存的出路，思考他们会做什么。当他们还是孩子的时候，可能就有过类似经历，不是在火灾中，就是在台风中幸存下来。这些人在灾难发生时不用去深思熟虑，因为他们已经深思熟虑过了，而周围的人是在大难临头时才开始思考。

"常态偏见"在危机时刻，保持常态，停滞不前，假装一切都将一如既往地美好，并且可以预料到。那些打败"常态偏见"的人在别人不行动的时候做出了行动。当别人在考虑他们是否应该行动时，他们已经做出了行动。

正如约翰逊所指出的，大脑在身体做出行动之前必须经历一个过程——认知、识别、理解、决策、执行，然后才会做出行动。没有办法省略这个过程，但是你可以多加练习，直到这些单独的步骤不再复杂，从而不再占用你宝贵的大脑进行反复计算。约翰逊把这个过程比作演奏乐器。如果你从来没有在吉他上弹过C大调和弦，那么你必须想清楚它的弹奏指法，然后笨拙地按下琴弦，让吉他发出一种笨拙的和弦音。只需几分钟的练习，你就可以不假思索地弹奏出和弦，并让它发出更悦耳的声音。

需要明确的是，"常态偏见"并不是像兔子遇到蛇那样一看到危险的迹象就会吓得发抖，而是人类可能会做出的一种真实行为。突然停止移动并抱着最好的希望被称为"恐惧性心律过缓"（fear bradycardia），这是一种无意识的、非自愿的本能。有时这还被称为"紧张性静止行为"（tonic immobility）。像瞪羚这样的动物如果感觉到捕食者就在附近，它们就会选择不动，希望通过融入背景来欺骗捕食者的运动跟踪能力。有些动物甚至会装死，使得自己处于"假死状态"。

2005年，巴西里约热内卢大学的研究人员通过向受试者展示受伤人员的照片，就能够诱发人类的"恐惧性心律过缓"。参与者的心率骤然下降，肌肉立即僵硬。可以肯定的是，这种行为会发生在灾难中，但我们谈论的是与"常态偏见"不同的东西。

你做出的很多行为都是为了降低你的焦虑感。当一切都平安无事，并且都在预料之中时，你知道你不会有任何危险。"常态偏见"是通过相信一切都很好而做出的一种自我安慰。如果你仍然能保持正常的生活习惯，仍然认为这个世界没有什么坏事情发生，那么你就不会感到焦虑。"常态偏见"是一种心理状态，你试图通过相信一切都处于常态，来让一切安然无事。

"常态偏见"指的是即使你有充分的理由，你也不相信可怕的事情会发生在你身上。当灾难发生时，你可能首先感觉到的是对安全感的极度需要。当你意识到这是不可能的时候，你就会陷入白日梦之中。

"9·11"恐怖袭击事件的幸存者说，他们还记得在离开办公室和小隔间之前收拾东西的场景。他们穿上了外套，给亲人打了电话。他们关掉电脑，开始交谈。即使在下楼的过程中，大多数人也是以一种悠闲的步伐走路——没有尖叫，也没有奔跑。没有必要说"大家保持冷静"，因为他们并没有惊慌失措。他们祈求这种常态化的行动，来使得这个世界回归正常。

为了减少即将到来的厄运所带来的焦虑，你首先要坚持你自己所知道的东西，然后你再仔细地挖掘其他人的信息。你开始主动与同事、朋友和家人对话。你关注电视和收音机。你和别人一起交换你所知道的信息。一些人认为，这就是"克里克—摩尔F5龙卷风"逼近时发生的事情，这导致了一些人没有做出行动寻求庇护。所有模式识别的工具，所有你已经习惯的例程在一个可怕的事件面前都变得毫无用处。紧急情况过于新奇和模糊。你出现了冻结的倾向，不是因为恐慌压倒了你，而是因为常态消失了。

里普利称这一刻为"自发性怀疑"。当你的大脑试图传播数据时，你最深处的愿望是让你周围的每个人都相信，坏事不是真的。你一直等着这件事情发生，直到它变得明显不会发生的那一刻。

"常态偏见"的行为模式会一直持续下去，直到船体倾斜或建筑物移位。你可能会一直保持平静，直到龙卷风把一辆汽车冲进你的房子，或者飓风刮断了电线。如果每个人都在等待信息，你也会做出同样的行为。

那些深切关注疏散程序的人——急救人员、建筑师、体育场工作人员、旅游业——都意识到了"常态偏见"，并在各种手册和行业杂志上刊载了相关内容。日本东京大学的社会心理学家三上俊二（Shunji Mikami）和池田智一（Ken's Ichi Ikeda）在1985年发表于《大规模紧急事件与灾难国际期刊》的一篇论文中指出了在灾难中你可能经历的步骤。他们说，你往往有一种倾向，首先参照你熟悉的情况去分析形势，大大低估了事情的严重性。当分秒必争的时候，"常态偏见"会让人付出生命的代价。他们说，此时此刻人们会按照可预测的行为顺序来行事。首先，你将从你信任的人那里寻找信息，然后转向附近的人。其次，如果可能的话，你将尝试联系你的家人，然后你将开始准备疏散或寻找避难所。最后，在做完所有的这些之后，你才会开始行动。三上和池田说，如果你没有意识到问题的严重性，也没有得到过该怎么做的建议，或者遇到过类似的情况，你就有可能更磨蹭。更糟糕的是，如果你退回到"比较—对比"模式中，你就会试图说服自己，正在逼近的危险与你所习惯的场景差不多，这就是"常态偏见"。

他们以1982年在长崎发生的洪水为例。那里每年都会发生轻度的洪水，居民们都认为暴雨是家常便饭。但很快，他们就意识到水位正在升高，而且上升的速度比过去几年要快得多。下午4点55分,政府发出了洪水警告。尽管如此,有些人还是等着观看这场洪水会有多么奇特,与往年会有多么不同。到了晚上9点,只有13%的居民撤离。最后,265人死于这场水灾中。

当卡特里娜飓风袭击我在密西西比州的房子时,我记得我去杂货店买食物、水和生活用品时,我被那些购物车里只有几块面包和几瓶苏打水的购物者震惊到了。我还记得他们拿了一堆瓶装水和罐装食品在我的身后排队时的沮丧表情。我对他们说:"有些抱歉了,但无论怎么准备都不过分。"他们作何反应呢?"我觉得这没什么大不了的。"我经常在想,在没有电、道路无法通行的两个星期里,那些人是如何度过的?

"常态偏见"是一种你无法摆脱的倾向。日常生活似乎平淡无奇,因为你已经习惯于如此看待它。如果你没有,你将永远无法处理过载的信息。不妨设想你搬到了一个新的公寓或新房子,或者买了一辆新车或一部新手机。一开始,你会注意到每件事,花上几个小时调整设置或摆放家具。过了一段时间,你就会习惯正常的生活,让一切顺其自然。你甚至可能会忘记新家的某些方面,直到有访客指出来,你才会重新发现。你适应了周围的环境,这样你能够注意到什么时候出了问题,否则生活就会是充满噪声,并且信号全无。

但有时,这种创建静态背景然后又忽略它的习惯会成为一种障碍。有时候,当你不应该平静时,你会觉得平静;当你发现了异常时,你会渴望回归正常。例如,飓风和洪水可能太大、太慢、太抽象,使你不敢采取行动。其实是你找不到它们的常态。根据三上、池田和其他专家的说法,解决的办法是效仿那些能够提供帮助的人,效仿那些比你更了解危险的人。如果给出足够多的警告和足够多的指令,那么这些事情就会成为新的常态,你就会立即采取行动。

"常态偏见"也可以扩大到更大的事件。全球气候变化、石油峰值、肥胖流行病和股市崩盘都是更大、更复杂的事件,也是一些非常好的例子。在这些事件中,人们没有采取任何行动,因为很难想象如果预测成真,生活会变得多么不正常。媒体在千年虫、猪流感、非典等问题上的过度炒作和恐慌加剧,在全球范围内助长了"常态偏见"。各方执政党的权威人士都警告说,危机只能通过这种或者那种投票的方式来避免。面对如此多的"狼来了"的警告,在轰炸式的信息环境中,很难确定什么时候该警惕,什么时候真的不只是在演习。人们的第一反应是判断情况究竟有多反常,只有当问题超出了不可忽视的界限时才会采取行动。当然,这往往为时已晚。

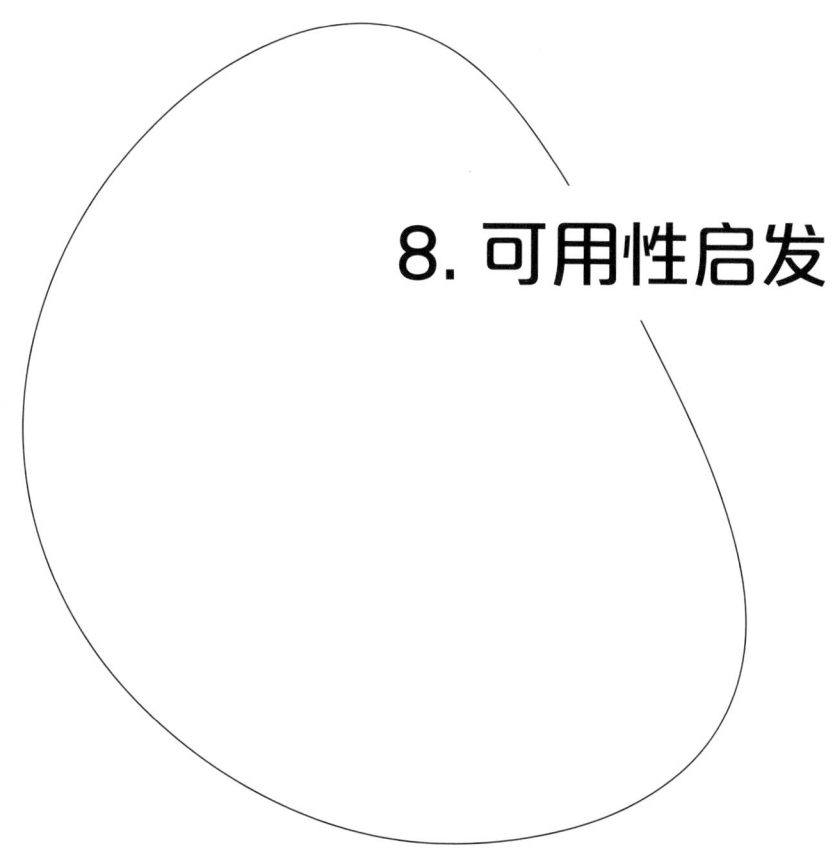

8. 可用性启发

误解 | 随着大众媒体的出现，你可以根据从许多事例中收集的数据和事实来理解这个世界是如何运作的。

真相 | 如果你能找到某个事件的一个例子，你更有可能相信这种事情是司空见惯的；你不太可能相信你从未见过或听说过的事情。

8. 可用性启发

以"r"开头的单词多，还是以"r"作为第三个字母的单词多？

先想一想，以"r"开头的单词有rip, rat, revolver, reality, relinquish等。如果你和大多数人一样，你认为以"r"开头的单词更多——那么你就错了。在英语中，以字母"r"为第三位的单词比排在第一位的单词要多——如car, bar, farce, market, dart等。相信第一个选项要容易得多，因为想出以"r"为第三个字母的单词要花费更多心思。你可以试一试。

如果你认识的人因为注射流感疫苗而生病，你就不太可能注射，即使从统计学上来说注射流感疫苗是安全的。事实上，如果你在新闻上看到有人死于流感疫苗注射，一个孤立的病例就足以让你永远远离疫苗。另外，如果你听到一个关于吃香肠会导致肛门癌的新闻，你会持怀疑态度，因为它从来没有发生在你认识的人身上，毕竟，香肠是美味的。在考虑你所熟悉的信息时，你的反应更快，做出的反应也更大，这种倾向被称为"可用性启发"。

人类的思维是由大脑产生的，大脑形成的环境与现代世界每天提供给人类的环境大不相同。在过去的几百万年里，我们的大部分时间都花在与不足150个人打交道上，而你对这个世界的了解是基于你日常生活中接触的事例。大众媒体、统计数据、科学发现——这些东西并不像你亲眼所见的那样容易理解。俗语说得好，"眼见为实"，就是典型的"可用性启发"。

政客们总是利用"可用性启发"。你听到他们讲述的故事，开头总是这样的：在密歇根，一位有着两个孩子的母亲因为缺乏保障支持或类似的原因失去了工作。政客们希望这个故事能左右你的观点。他们在赌运气，看看可用性启发能够让你以为这样一个事例是一个更大的群体的象征。

与接受数字或抽象事实相比，你更容易相信实例所反映出的某种说法。

校园枪击事件被看作是"科伦拜事件"（1999年4月20日发生在美国科罗拉多州科伦拜中学的一起校园枪击事件，在该事件中，12名学生和1名教师被两名学生枪杀，24人因此受伤）之后的一种危险的新现象。那次事件从根本上改变了美国学校对待孩子的方式，为了了解这种突如其来的流行病，人们创作了数百部书和电影，召开了研讨会。然而，事实是校园枪击事件并没有增加。根据《恐惧文化》（The Culture of Fear）一书的作者巴里·格拉斯纳（Barry Glassner）的研究，在科伦拜校园枪击案和其他校园枪击事件引起媒体广泛关注的那段时间，校园暴力事件减少了30%以上。在科伦拜事件之前，孩子们更有可能在学校里被枪击，只是那时的媒体没有曝光更多的实例。一个普通的学生被闪电击中的可能性是被同学枪击的三倍，然而学校仍然在防范枪击事件，就好像这种枪击事件随时会发生一样。

阿莫斯·特沃斯基（Amos Tversky）和丹尼尔·卡尼曼（Daniel Kahneman）在1973年的研究中首次证实了"可用性启发"。受试者需要听一段录音，录音会大声说出一些男性名字，其中包括19位名人和20位从未听过的普通人。他们也用女性名字重复了以上这项研究。在听到这些名字后，受试者要么尽可能多地说出那些名字，要么从一个词库中识别出这些名字。约66%的受试者回忆名人的次数比不熟悉的名字要多，80%的人说名单上的名人比非名人要多。那个关于"带有字母r的单词出现频率"的实验，也是特沃斯基和卡尼曼设计的。在这两项研究中，都表明：一条信息越容易得到，你处理它的速度就越快。你处理它的速度越快，你就越相信它，你就越不可能去考虑其他的信息。

当你买彩票的时候，你会想象自己中了大奖，就像电视上的那些人，当他们的号码被选中的时候，他们就突然出名了，因为那些没有中奖的人是不会接受采访的。你在买彩票的路上死于车祸的可能性要比你中奖的可能性大得多，但这方面的信息却不像中彩票那么容易获得。你不是在关注统计数字，而是在基于实例和故事进行思考。在购买彩票、担心西尼罗河病毒（这种病毒由鸟类携带，可以经过蚊子传播给人类，重者导致人死亡）、寻找儿童性骚扰者的时候，你都首先使用"可用性启发法",然后才开始观察事实。你对未来事件发生的可能性的判断取决于你对它的想象有多么容易,如果你被各种报道轰炸,或者你满脑子都是恐惧,这些画面会遮蔽那些可能与你的信念相矛盾的新信息。

9. 旁观者效应

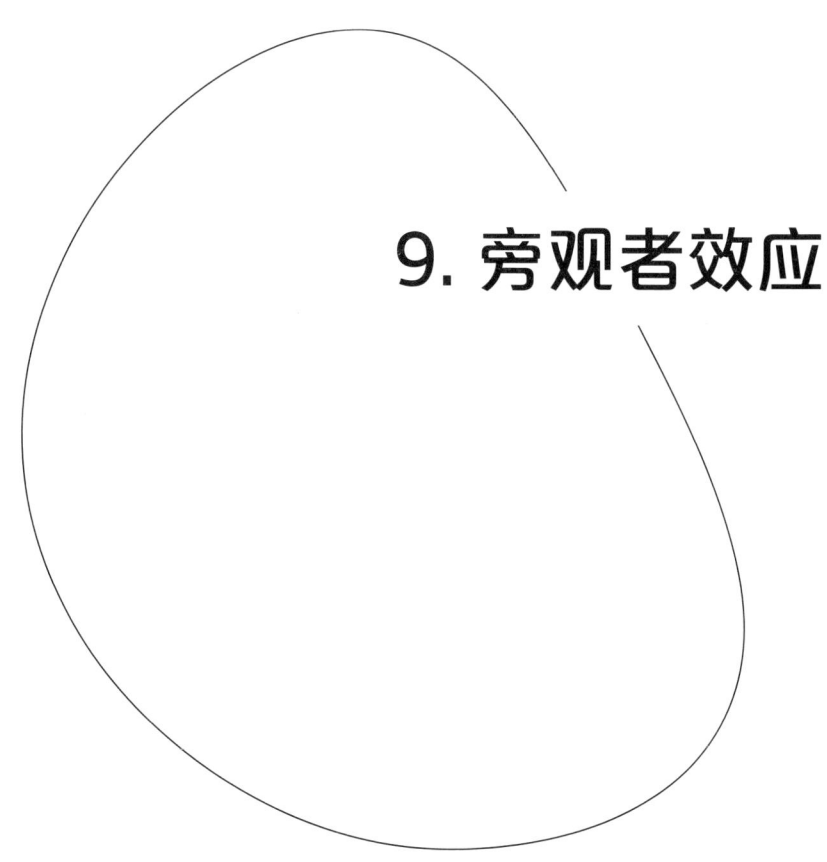

误解 | 当有人受伤时,人们会立即伸出援助之手。

真相 | 目睹一个人处于困境的人越多,人们站出来帮助他的可能性就越小。

9. 旁观者效应

如果你的车抛锚了，而你的手机又没有信号，你认为你在哪里更有可能得到帮助——是在乡村公路还是在繁忙的街道上？当然，在繁忙的街道上会有更多的人看到你。在乡村公路上，你可能要等很长时间才会有人经过。那么，你会选择哪一个？

研究表明，你在乡村公路上更有可能获得帮助。这又是为什么呢？

你可曾有过这样的经历，你看见有人在路边抛锚了，然后会想："我可以帮助他们，但我肯定会有别人去帮他。"每个人都会这么认为，所以没有人停下脚步。这种现象被称为"旁观者效应"（bystander effect）。

1968年，一个名叫埃莉诺·布拉德利（Eleanor Bladeley）的女子，在一家繁忙的百货商店跌倒摔断了腿。40分钟里，人们只是在她周围走过来走过去，直到一个男人终于停下来看看发生了什么事情。2000年，一群年轻男子在纽约中央公园的游行中袭击了60名妇女。成百上千人只是在围观，却没有一个人拿起手机报警。在这两起事件里，"旁观者效应"都负有责任。在人群中，你挺身而出的倾向和冲动会消失，就好像被群体的力量冲淡了一样。每个人都认为会有人挺身而出做些什么，但是大家只是待在那边等待，到头来谁也没有做出行动。

关于这一现象最著名的例子是吉蒂·热诺沃斯（Kitty Genovese）的故事。1964年的一篇报纸文章称，凌晨3点，她在纽约市公寓前的停车场被一名袭击者刺伤。当她大声呼救时，袭击者逃跑了，但是38名目击者中没有一个人来救她。那篇报道继续说，袭击者一遍又一遍地回来，持续了30分钟，人们从周围公寓楼的窗户里看到吉蒂再次被刺伤。这个故事后来被彻底揭穿，成为一个耸人听闻的报道，但在当时，作者写这个报道的目的却引起了心理学家对这一现象的浓厚兴趣。社会心理学家在这个故事传播开来后不久就开始研究"旁观者效应"。他们发现，当一个人处于危险，急需帮助时，在场的人越多，他们中任何一人伸出援手的可能性就越小。

1970年，心理学家比布·拉塔内（Bibb Latane）和约翰·达利（John Darley）开展了一个实验，他们故意将铅笔或硬币扔到地上。受试者有时是一群人，有时只有一个人。他们这样重复了6000次。结果怎么样呢？当受试者是一群人时，他们得到帮助的次数占总次数的20%；当受试者是一个人时，他们得到帮助的次数占总次数的40%。他们决定增加了实验难度，在他们的下一个实验中，他们让受试者每人填写一份问卷。几分钟后，烟雾开始弥漫整个房间，从墙上的通风口滚滚而来。他们进行了两个版本的实验。在第一个实验中，房间里只有一个受试者在填问卷；在第二个实验中，房间里有两个人在填写问卷。当房间里只有一个受试者中，受试者从感到惊慌失措到站起来，大约花费了5秒钟。处于群体中的受试者平均花了20秒才注意到情况不对。当实验对象独处时，他们会去检查烟雾，然后离开房间，告诉实验者他们认为哪里不对劲。在一群人中，人们只是坐在那里面面相觑，直到烟雾太浓以至于他们看不见问卷。在对群体进行的8组实验中，只有3个人离开了房间，他们平均需要6分钟才能站起来。

研究结果表明，对尴尬的恐惧影响了群体动态。你看到了烟雾，但你不想看起来像个傻瓜，所以你瞥了一眼其他人，看看他们在做什么。另一个人也有同样的想法。你们都没有反应，所以你们都没有表现出惊慌。第三个人看到两个人表现得若无其事，所以他们更不可能惊慌失措。由于另一种被称为"透明错觉"的行为，每个人都在影响彼此对现实的感知。你往往认为，只要别人看到你就能猜测出你现在在想什么，有什么感觉。你认为其他人能看出你真的很害怕烟雾，但是他们并不能看出来。他们的想法是一样的。没有人因为害怕逃离房间。这就导致了"多元无知"效应——在这种情况下，每个人都在想同样的事情，但却相信自己是唯一这么想的人。在经历过"充满烟雾的房间实验"之后，每个受试者都称自己吓坏了，但因为其他人似乎都没有惊慌，他们认为只有自己感到焦虑。

这两位研究人员决定再次增加实验的难度。这一次，他们让受试者填写一份问卷，而另一名女性实验者则在另一间房间里大声喊出自己的腿是如何受伤的。当她独自一人时，70%的人会离开房间去看那女子的情况。而在一组人的实验中，有40%的受试者离开了房间，去查看那个女子的情况。如果你走过一座桥，看到有人在水里大声呼救，你会有一种更强烈的冲动跳下去，把他们拉到安全的地方，这种冲动比你置身一群人当中感受到更强烈。倘若在场的只有你一个人，你自己负有帮助其他人的全部责任。当你认为需要帮助的人正在被他们认识的人伤害时，旁观者效应会变得更强。兰斯·邵特兰（Lance Shotland）和玛格丽特·斯托（Margaret Straw）在1978年的一项实验中表明，一男一女两位演员（研究助理）假装在打架，让受试者看他们打架，如果女演员大叫："我不知道为什么我要嫁给你！"这时受试者常常不会去阻止他们。但是，如果那个女演员喊的是"我不认识你！"那么就会有65%的受试者上前去阻止他们。许多其他研究表明，只要一个人上前帮忙，其他人也会加入进来。不管是献血、帮别人换轮胎、往表演艺人的钱箱里扔钱，还是制止打架——人们一看到另一个人以身作则，就会争先恐后地伸出援手。

这里要记住的是，当你帮助别人的时候，你并不是那么聪明。在一个拥挤的房间里，或者在一条公共街道上，你可以预料到人们会木然站立，四处张望，而不去伸出援助之手。

懂得了这一点，你应该选择去做那个第一个脱离群体并提供帮助或率先逃离险境的人，因为你现在可以确定，除了你没有其他人会选择这么做。

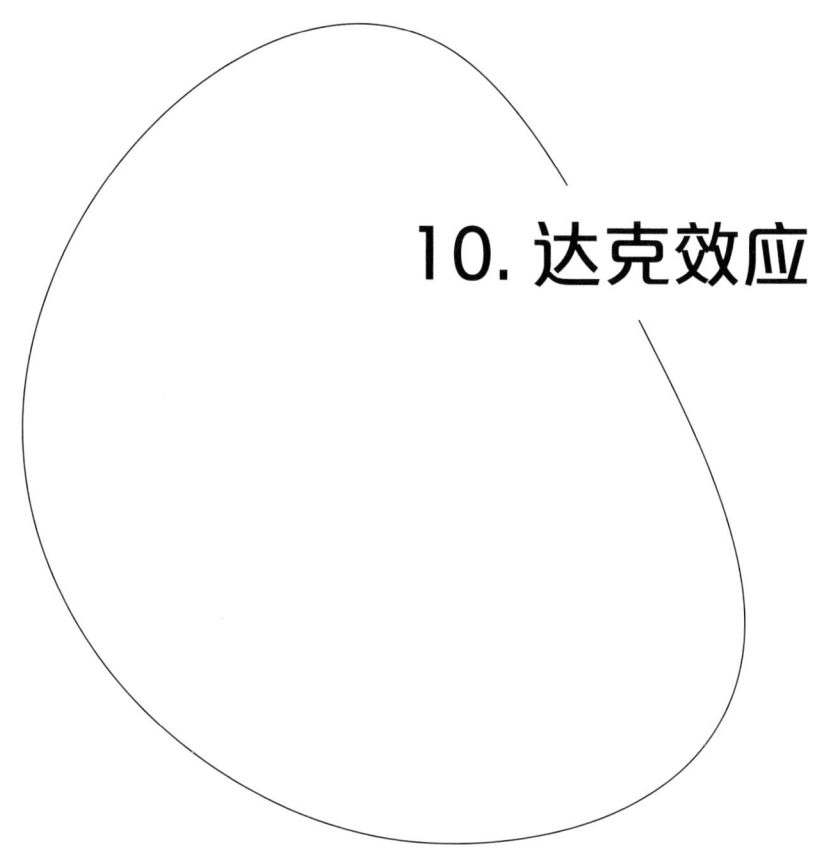

10. 达克效应

误解 | 你可以预测到自己在任何情况下的表现。

真相 | 你往往不善于评估自己的能力以及复杂任务的难度。

10. 达克效应

想象一下，你非常擅长某种游戏。任何游戏都可以——国际象棋、街头霸王（日本任天堂公司在1987年发布的经典街战系列游戏）、扑克。你经常和朋友们玩这个游戏，而且你总能赢。你打游戏打得那么好，你便开始设想你能够在比赛中赢得冠军。你上网寻找到下一届地区锦标赛在哪里举办，你付了参赛入场费，然而在第一轮中就被打败了。事实证明你没有那么聪明。一直以来，你以为自己是最棒的，但其实你只是个业余爱好者。这就是达克效应，它是人类本性的一种基本要素。

想想过去几年YouTube（一家美国视频分享网站）上的明星们吧——他们拙笨地弹着乐器，演唱着跑调的歌。这些表演非常糟糕，然而这些人并不是有意为之，也不是在自嘲。但是无论如何，他们的表演真的很糟糕，你想知道为什么有人会把自己放在这样一个尴尬的世界舞台上。问题是，他们并不认为全世界的观众会比他身边的朋友、家人和同龄人更有见识。正如哲学家伯特兰·罗素（Bertrand Russell, 1872—1970）曾经说过的那样，"在现代世界里，愚蠢的人自以为是，而聪明的人充满怀疑"。

"达克效应"催生了《美国达人秀》和《美国偶像》等节目。在当地的卡拉OK酒吧里，你可能是全屋子最好的歌手。但是若是放在全国来看呢？情况就并非如此了。

你有没有想过，为什么拥有气候科学或生物学学位的人不上网讨论全球变暖或进化论？你对一门学科知道得越少，你就越不相信你还有更多应该学习的东西。只有当你积累了一定的经验，你才会开始认识到你还不具备独占鳌头的广度和深度。

当然，这些都是较为笼统的说法。经济学家罗宾·汉森（Robin Hanson）在2008年指出，"达克效应"在美国大选临近时已经成了一个流行的口头禅，因为它有助于将对手描绘成白痴。

创造"达克效应"这个术语的实际研究，是由贾斯汀·克鲁格（Justin Kruger）和大卫·邓宁（David Dunning）于1999年左右在康奈尔大学进行的实验中完成的，所以也叫"邓宁·克鲁格效应"。他们让学生参加关于幽默感的语法和逻辑测试，然后报告他们认为自己的分数有多高。有些人准确地预测了自己的技能水平。有些人知道他们不擅长幽默，他们的估计也是正确的。另一些人有一种直觉，他们比大多数人更擅长讲笑话，并且这种想法得到了证实。所以，有时候真正擅长某件事的人是很清楚的，可以准确地预测他们的分数，但并不总是这样。总的来说，研究表明你不太善于估计自己的能力。

最近的一些研究试图反驳邓宁和克鲁格的那种非黑即白的预测——即缺乏技能的人是最不了解自己无能这一点的。波森（Burson）、莱瑞克（Larrick）和克雷曼（Klayman）2006年的一项研究表明，"在完成较为容易的任务时，人们会产生积极的偏见，表现最好的人在估计自己的能力时是最准确的，但在完成最困难的任务时，人们会产生消极的偏见，表现最差的人在估计自己的能力时是最准确的"。

所以，当你实际上表现得很平庸时，"达克效应"并不总是会让你觉得自己非常了不起。实际情况是，你掌握的技能越高，你练习得越多，你积累的经验越多，你就越善于把自己和别人比较。当你努力提高的时候，你就会开始更好地理解你需要在哪些方面继续努力。你会渐渐看出其中的复杂性和细微差别；你会寻找你掌握的那门手艺的高手，跟他们作比较，从而找出自己的不足之处。而相反，你掌握的技能越差，你练习得越少，你积累的经验越少，你就越不善于在某些任务上与他人进行比较。跟你差不多的人一般不会指出来，因为他们知道的并不比你多，或者是他们不想伤害你的感情。你比新手好不了多少，会让你把自己看作是废物。查尔斯·达尔文说得非常好："无知比知识更容易带来自信。"无论是弹吉他、写短篇小说、讲笑话还是拍照，不管是什么，业余爱好者更有可能认为自己是行家，但的确不是真正的专家。教育是学习你不知道的东西，同时也是找到你所要做的事情。

最近大量涌现的真人秀节目就是"达克效应"的一个非常好的实例。这个糟糕透顶的行业都在依靠一件事情，让那些有吸引力但没有才能的人相信他们实际上是天才导演。真人秀明星周围的泡沫是如此之厚，他们可能永远无法逃脱。在某种程度上，观众也是这些闹剧的一部分，但处于悲剧中心的人们对此却毫无察觉。

当一个人从新手到业余爱好者，再到行家，再到大师，每个阶段之间的界限很难辨认。你前进得越远，再进一步所需的时间就越长。然而，从新手到业余爱好者的转变速度很快，此时就会受到"达克效应"的影响。你认为付出同样多的练习可以让你从业余爱好者变成行家，但事实并非如此。

每个人都会时不时地经历"达克效应"。对自己诚实，承认自己的缺点和弱点并不是一种愉快的生活方式。认为自己能力不足会让人有种无力的感觉——你必须努力克服这些情绪才能使得自己振作起来。从情感光谱角度来看，"达克效应"与极度缺乏安全感的躁狂抑郁症正好相反。

不要让"达克效应"的阴影笼罩着你。如果你想在某件事上做得很好，你必须不断练习，然后你必须向那些一生都在做这件事的人学习。把自己与那些大师们作比较和对比，永远抱有谦卑的态度，不断学习进步。

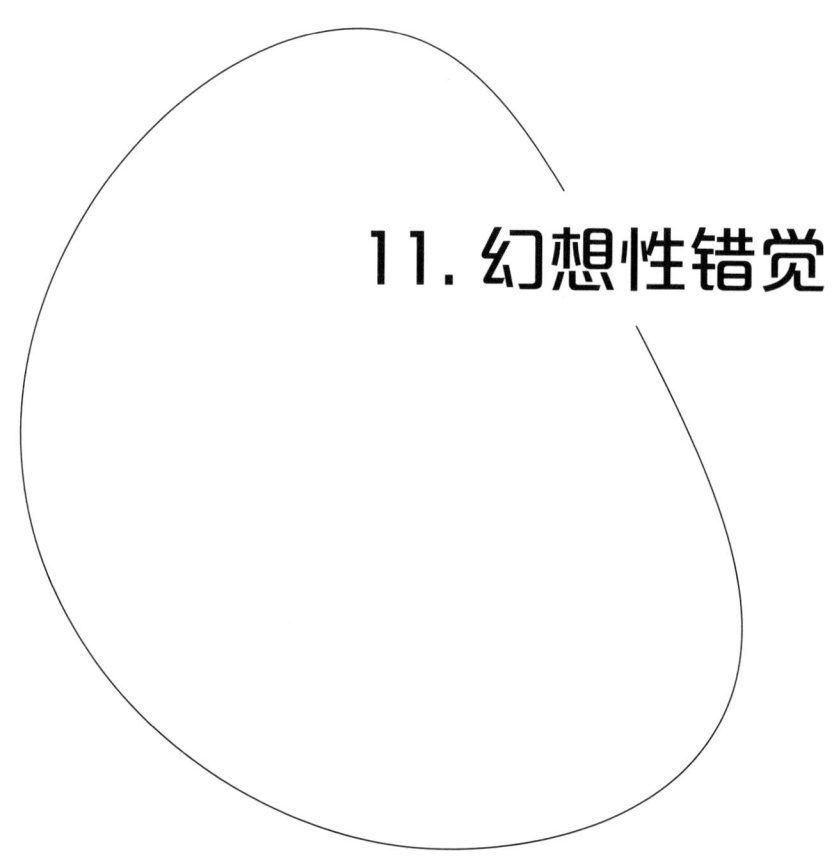

11. 幻想性错觉

误解 | 有些巧合是如此神奇,它们一定具有某种意义。

真相 | 巧合是生活中司空见惯的,即使是那些看似不可思议的事情也是如此。任何赋予它们的意义都来自你的思想。

多年来，编剧和小说家们发现：观众和读者无须听取过多解释就能理解一些比喻和情节，它们满足了观众或读者的心理需求。

每个故事都需要一个强有力的主角，你可以和他们产生共鸣。如果他们运气不好或最近失宠，你会觉得感同身受。如果他们勇敢地面对巨大的挑战，你也会不假思索地支持他们。在早期，主角会在不必要的情况下搭救某人，于是你开始喜欢他们。另外，你需要一个损人不利己的卑鄙的反派角色，他们无视规则，不计任何代价，只想满足自己的欲望。男主角或女主角离开了他们熟悉的世界，开始了充满冒险的新生活。就在他们似乎要失败的时候，他们克服了一切阻碍，击败了对手，有时甚至在这个过程中拯救了人类世界。当他们回到家的时候，他们变得比以前更好了。如果故事是悲剧，主角的结局会比故事开始时更糟糕。

美国神话学家约瑟夫·坎贝尔（Joseph Campbell）毕生致力于找出所有人类的共同神话，也就是能够被你和所有人都铭记于心的故事。他将其称为《英雄之旅》，如果你回想一下这些年来你看过的所有电影和读过的所有书籍，你会发现几乎每个故事都是这个故事的变体。从民间传说和戏剧，到现代电影和电子游戏，《英雄之旅》这个单一的神话渗入到你的脑海中，就像一把钥匙插进锁里一样。

你喜欢看日进斗升的演员们扮演的虚构角色，因为你会很自然地用形象和故事来思考，他们所塑造的人物都可以在你的世界里找到原型。社交场景总比数学、科学和逻辑简单得多。你敏锐地意识到你所扮演的角色，意识到谁站在这个舞台上，也联想到了你人生的故事。就像看电视和电影一样，你的记忆倾向于删除无聊的部分，而专注于亮点，即情节要点上。

某种类型的故事，一个推理的叙述方式，会让你觉得这些事情也在现实世界中发生。在像《达芬奇密码》这样的悬疑小说中，或者在像《迷失》这样以神秘事件为中心的电视剧中，线索会以某种神秘的方式出现。你会不由自主地被这种真相慢慢显现的模式所吸引。它会让人兴奋不已。你发现自己忍不住继续翻看书页或者打开下一张碟片，看看后面会发生什么，看看最后一切是如何联系在一起的。

当你在现实世界中这样做时，它被称为"幻想性错觉"。"幻想性错觉"是一个总括性术语，它包含一些其他心理现象，如"得克萨斯神枪手谬误"和"空想性错觉"。当你犯了"得克萨斯神枪手谬误"时，你在一系列随机事件周围画了一个圈，然后认定在这些混乱之中一定存在着某种意义，而事实上这种意义并不存在。当你产生"空想性错觉"时，你会把云朵或树枝的一些形状看成是人或者人脸。"幻想性错觉"拒绝相信混乱和噪声，却相信巧合与偶然。

当你在生活中经历共时现象时，最容易产生"幻想性错觉"。共时现象在一个小瞬间似乎有意义，但你也知道他们不可能有什么意义。如果日期以一种有趣的方式排列，比如8/9/10，人们就会议论它。当一些应该是随机的事情自动变得有序时，你就对此无法忽视了。时钟上的时间显示晚上11点11分。下次你再看时钟的时候，它又显示凌晨12点12分。短暂的惊奇让你歪了歪脑袋，然后继续做你的事情。同步性也可能以更明显的方式出现。如果你梦到一场可怕的洪水，然后在次日早上的新闻里看到洪水冲走了远方成百上千人的家园，你的后背会立马感到一股寒意。

只有当你认为巧合和随机排序不只是噪声中偶然出现的信号时，你才会面临"幻想性错觉"。你可能认为死亡总是三个三个发生的（这是西方人的一种迷信说法，后比喻祸不单行）。但是事实上，死亡只是生命中永恒的一部分。你可能会惊奇地发现你和十几位你最喜欢的名人同一天生日，事实是你和大约1600万人同一天生日。你可能认为数字23有某种特殊的力量，因为它经常出现，但事实上它并不比其他数字出现得更多。也许你整晚都在赌博，并确信你读懂了纸牌上的图案或老虎机的轮子上的意义，但胜算的概率从未改变。你可能会认为一个连续三次中奖的人有着神奇的运气，但是多次买彩票中奖的赢家实际上是相当普遍的。

11. 幻想性错觉

当你以一种讲故事的方式把生活中的点点滴滴串联起来，然后把这个故事赋予一个特殊的意义，这就是真正的"幻想性错觉"。假设你正在过马路，这时一个无家可归的人抓住你的衬衫把你拉出车流，瞬间一辆摩托车从你面前呼啸而过。你给他钱以感谢他救了你的命，但他拒绝了。第二天，你在报纸上看到了你们城市中无家可归的人越来越多的新闻。一周后，你在网上寻找一份新工作，看到在你心仪已久的城市里有一份社会福利救济工作者的工作对外招聘。你可能会认为，在你的人生中所发生的所有故事，都注定让你去救济那些被日常生活所迫走投无路之人。于是，你辞掉手头的工作，搬离很远的地方，然后去那个城市帮助那些流离失所的人。从这个角度来看，"幻想性错觉"并不总是一件坏事。你需要一种意义感，这样你才能违背你的本性，每天从床上爬起来努力工作。请大家一定记住：意义只来自内心。

你的大脑具备关注顺序的本能，即使这个顺序是由你的文化所创设的，而不是由你的大脑的神经元突触决定的。古希腊人和古巴比伦人相信数字具有特殊的神圣意义，并将数字的价值赋予人类生活的各个方面。早期的基督徒也喜欢做同样的事，尤其是涉及数字3和"三位一体"时更是如此。在所有的宗教和文化中，某些数字有时被认为比其他数字有特殊的意义。一旦这种情况发生，"幻想性错觉"就会使得人们比平时更加注意那些数字。一般来说，因为你习惯使用十进制数字系统，所以你更喜欢那些漂亮的整数。当你在选择数字的时候，"幻想性错觉"会让你把对象分成一个个有意义的组，例如10、50、100，等等。在当今社会里，纸币的面值为人们喜欢的整数，也是"幻想性错觉"使然。

当出现"幻想性错觉"现象时，怀疑论者往往会提及"大数定律"。这个定律规定，在大量的事件样本中，会出现许多巧合。在一个拥有近70亿人口的星球上，意外的巧合常常发生。当人们注意到巧合时，他们就会记住这些巧合并告诉别人。有时，这些巧合之事还会成为新闻。当巧合没有发生时，没有人会在意。最终造就了一个故事的回音室，在那里全都是巧合的故事，全然没有异议。

利特尔伍德（J. E. Littlewood）是剑桥大学（Cambridge University）的数学家，他在1986年出版的《利特尔伍德的杂记》一书中谈到了大数定律。他说，平均每个人每天大约有8个小时能够保持清醒状态，平均每个人每秒会遇到一次事情。按照这个速度，每35天你就会经历100万件事情。因此，当你说某事发生的概率是百万分之一时，这就意味着这件事情一个月发生一次。这种每个月都会出现奇迹的现象，本质称为"利特尔伍德定律"。

通常情况下，"幻想性错觉"是由所有错觉中最顽固的一种错觉即"确认性偏见"造成的。你只看到了你想看到的东西，而忽略了其他的东西。当你想看到的是有意义的东西时，你就忽略了你生命中所有无意义的事情。"幻想性错觉"并不只是看到混乱中的秩序，它还相信你注定会看到它。它相信：奇迹是如此罕见，当它们发生的时候，你应该站起来，去关注它们，这样你就能破译它们所传递的意义。但从数学角度来讲，每当你翻开这本书的一页，都会有奇迹发生。

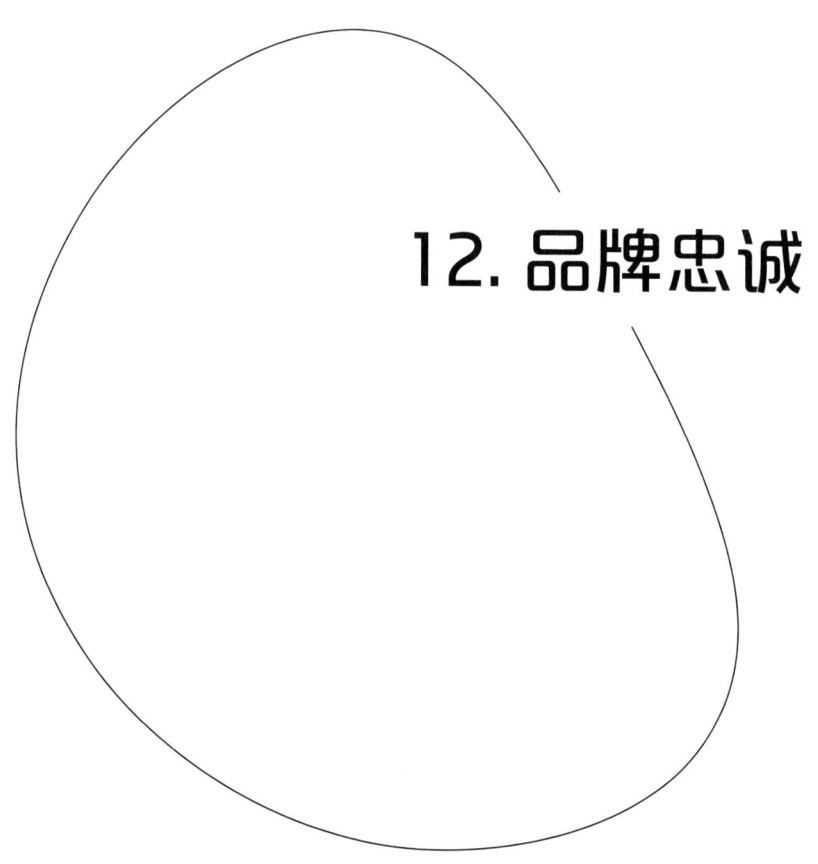

12. 品牌忠诚

误解 | 你更喜欢你拥有的东西,而不喜欢你没有的东西,因为你在买东西的时候做出了理性的选择。

真相 | 你喜欢你所拥有的东西,是因为你为你过去的选择找借口,用以来保护你的自我意识。

互联网改变了人们争论的方式。

查看任何评论系统、论坛或留言板，你会发现人们都在讨论为什么他们选择的产品比别人的好。

用苹果Mac与PC相对比，用PS3与XBox 360作对比，用iPhone与安卓作对比，等等。

通常，这些争论发生在男人之间，因为不管男人受到多么轻微的伤害，他们会捍卫他们的自我。这些争论往往发生在花费大量金钱的极客身上，因为这些争斗一般发生在互联网上，技术党们都非常喜欢争吵，而且购买的东西越贵，对它的忠诚度就越高。

在互联网评论栏的世界里，狂热的粉丝通常被称为"粉丝男"，这是网络上用来形容狂热粉丝的一个俚语。这个词最初出现在1973年的一次漫画大会上，当时是漫威粉丝制作的一本漫画杂志的标题。但近年来，它演变成了一种温和的侮辱语，可以用在任何一个不厌其烦地告诉别人自己喜欢什么的人身上。当有人在网上写了十几段话来为自己喜欢的东西辩护或诽谤竞争对手时，他们很快就会被贴上"粉丝"的标签。狂热现象并不是什么新鲜事，它只是品牌经营的一个组成部分。自从桂格燕麦公司为他们的麻袋设计了一个友好的标识后，市场营销者和广告商就已经知道了这一点。

当然，早在1877年，根本不存在友好的燕麦生产商桂格家族。这个公司希望人们将他们的教友派的信任和忠诚与他们的桂格产品联系起来。这确实奏效了。

这是建立品牌忠诚的最初尝试之一——建立起人们与某些公司之间朦胧的情感联系，这些公司不费吹灰之力就能够得到一批公司的捍卫者和拥护者。

在美国贝勒大学（Baylor University）进行的实验中，研究人员把可口可乐和百事可乐倒入没有标记的杯子里，让受试者喝，然后通过连在他们脑电图扫描仪来观察他们的反应。结果清楚地显示，有一些受试者在品尝可乐时更喜欢百事可乐。当这些人被告知他们喝的是百事可乐时，他们中的一小部分人，也就是那些平生一直都喝可口可乐的人，立刻做出了一些让人出乎意料的反应。脑电图扫描仪显示他们的大脑扰乱了愉悦信号，并对这些信号进行抑制。他们告诉研究人员，他们在实验中更加喜欢可口可乐。

他们撒谎了，但是在他们对品尝可乐的主观体验中，并没有说谎。在实验结束后，他们真的觉得自己更喜欢可口可乐，他们会根据自己的情感改变先前的记忆。他们过去曾在某个地方有过烙印，对可口可乐忠心耿耿。即使他们真的更喜欢百事可乐，强大的心理意念也会阻止他们承认这一点，即使对他们自己也不会承认。

把这种忠诚赋予到某些昂贵的东西上，或者赋予到一个需要投入大量时间和金钱的爱好上时，你就会成为一个狂热粉丝。狂热粉丝会为自己喜欢的东西辩护，嘲笑那些产品的竞争者。一旦发现事实与他们的情感相矛盾，他们就会选择忽视事实。

那么，是什么创造了这种与产品以及那些制作小玩意儿的公司之间的情感联系的呢？

选择。

不用做出选择就购买某些产品，如厕纸和汽油等，营销人员和广告公司把这类人称为"人质"。这是因为，这些人在选择买什么产品、不买什么产品时，可能根本不会关心一个牌子的卫生纸比另外一个牌子好，或者是加油站的汽油是来自"壳牌"（Shell）石油公司的还是"雪佛龙"（Chevron）石油公司的。

另外，如果产品是非必需品，比如iPad等，消费者很有可能化身为"粉丝男"，因为他们必须做出选择来决定是否要花费一大笔钱去购买那个产品。你选择这件产品而没有选择另一件产品，正是这种选择本身才会让你做出关于为什么这么选择的陈述理由，这通常与你的自我形象有关。向你提供选择权，帮你创造出自我形象，在此基础之上，你会选择让自己与某种产品的神秘性保持一致，从而产生了品牌忠诚。

例如，苹果公司的广告就没有提到他们的电脑有多好。相反，他们会向你展示一些购买这些电脑的人的实例。这个想法是鼓励你对自己说，"是的，我可不是古板的、保守的书呆子。我很有品味，也很有天赋，我在大学里还学过艺术课呢"。

苹果电脑比微软公司的电脑好吗？根据体验，基于数据、分析、测试以及客观比较的方式，两者孰优孰劣呢？

这并不重要，因为这些考虑是在一个人认为自己应该是拥有某种产品的人开始之后才出现的。如果你认为自己是那种拥有苹果电脑的人，或者开混合动力车的人，或者抽骆驼牌香烟的人，你就被打上品牌的烙印。一旦一个人被打上了品牌的烙印，他们就会通过找出其他品牌的缺陷，宣传自己选择的品牌的优点来捍卫自己选择的品牌。

有许多认知偏见汇聚在一起共同导致了这种行为。

当你觉得你拥有的东西比你没有的东西更好时，"禀赋效应"就会出现。

心理学家证实了这一点。他们询问一组受试者一个水瓶值多少钱。该受试小组成员一致认为它大约值5美元，然后，研究者把这个水瓶免费赠予了某个受试者。

一个小时以后，他们问那个得到水瓶的受试者，他（她）愿意以多少钱的价格反卖给研究者。受试者往往要求较高的价格，比如8美元。虽然这些东西是免费得来的，但是对于这些东西的所有权给这些物品增加了特殊的情感价值。

另一个偏见是"沉没成本谬误"。这发生在你把钱花在了你不想拥有或不想做的事情上，但又无法挽救的情况下。例如，你可能花了很多钱购买了一些很难吃的外卖食品，但你还是吃了，或者你明明已经意识到一部电影非常糟糕，但是你还是坚持看完了。

"沉没成本"会悄悄影响着你。也许你已经长时间订阅某样东西，有一天你意识到它太贵了,但你并没有退订,因为到目前为止你已经在这项服务上投资了很多钱。百视达(Blockbuster)真的比奈飞公司(Netflix)好吗?Tivo真的好于一般的DVR吗?如果你在订阅费用上花了很多钱,你可能不愿意转向其他选择,因为你觉得自己对品牌进行了投资。

这些偏见是导致品牌效应、粉丝主义和互联网上关于为什么你拥有的东西比别人拥有的东西更好的争论的罪魁祸首——选择支持偏见。

选择支持偏见是这样运作的:你有几个选择,例如说,你打算购买一台新电视机。在你做出选择之前,你往往会比较和对比市场上所有电视机的品质。哪一个更好,是三星还是索尼,是等离子显示器还是液晶显示器,是1080p还是1080i的。天哪,需要考虑的因素可真多!你最终做出了选择,当你做出决定后,你就开始反思这个决定,并为自己的行为找理由,让自己相信你的选择是合理的,因为你相信你选择的电视机是所有你可以选择的电视机中最好的。

在零售业,商家非常了解此种现象。为了防止买家后悔,商家往往尽量不向顾客提供过多的选择对象。研究表明,如果你在购物时只遇到了几种选择,你事后就不太可能为先前的决定而忧心烦恼。

在你做出选择的那一时刻,你完全是凭感情而做的。那些大脑情感中枢受损,只能像单点轨道计算器那样进行纯逻辑思考的人,发现自己在选择购买那种品牌的麦片等这么简单的事情上也很难做出决定。他们呆呆地站在超市的过道上,考虑着他们可能做出的每一个决定——卡路里、体型、净重——所有的一切相关因素。他们无法做出选择,因为他们对任何事情都没有建立起情感上的联系。

为了克服做出决策后的不适感,以及保持你对其中一种选择的承诺感,即使得知另一种选择可能会更好时,你也会尽量让自己觉得自己的选择是合理的,以便降低自己因质疑而带来的焦虑。

所有这一切形成了一个巨大的神经系统集群,包括联想、情绪、自我形象的细节,以及对你所拥有的东西的偏见。

所以，下次当你准备好要说出你的手机、电视或汽车为什么比别人的好的100个理由时，稍微犹豫一下吧。因为你不是在试图改变他们的想法——你是在试图为自己的选择做辩解。

13. 源于权威的意见

误解 | 相比传递信息的人,你更关心信息本身的真实性。

真相 | 一个人的社会地位和资历会大大影响你对他们传达信息的感知。

当你坐在一个拥有多个学位和资历证书的教授对面，他（她）正盯着你看，你很难不感到几分胆怯。教授坐在一张巨大的办公桌后面，周围摆放着书籍和古老的雕像，他们在一座古老的神圣建筑里办公，这些都代表了其在整个学术界的分量和威望。

当他们对文明史发表意见时，你可能会倾向于认为他们的观点比你那个收集小包装番茄酱的表弟的观点更为正确，更为深思熟虑。你的这个观点是正确的。事实上，一个历史学教授相比于你那痴迷于调味品的亲戚，更有可能知道罗马帝国为什么灭亡，以及从罗马帝国身上能学到什么教训。当涉及专业领域时，那些把他们的一生都奉献给某种观点的研究或实践的人的意见是值得倾听的，但这并不意味着他们所有的意见都是金玉良言。

如果这位教授告诉你他多么希望辣妹组合能重新组合，在大学里演出后，你就决定重新考虑你的音乐品味，那么你就犯下了逻辑谬误。当你仅仅因为某些人的地位或所受的教育而认为他们的观点比其他人的好时，你就是在以权威观点角度进行论证。

在潜入海洋深处之前，你应该听取一位训练有素的潜水员的建议吗？是的。当他们说看到美人鱼和海豚做爱时，你应该相信吗？不应该。

这本书多次提出科学家们对某些行为的共识，以此来证明你是多么容易受欺骗。相信数千名研究人员就如何解释数十年研究得出证据而达成的共识，并不是一种谬误。科学关注的是事实，而不是发掘事实的人，但这并不意味着一大群人不会在完全错误的事情上达成一致。

1949年，神经学家沃尔特·弗里曼（Walter Freeman）因其做出的贡献获得了诺贝尔医学奖。他的工作是把长针穿过精神病人眼球切除他们的大脑额叶。一些报道称，他做了大约2500次这样的手术，并且患者通常不需要麻醉。在之前，这种手术需要在颅骨上钻孔，在患者体外完成手术。他最初使用的是餐桌上使用的冰锥，后来他终于发明了一种又短又细的金属矛，把它刺入眼窝后部。这项技术可以让之前难以控制的精神病人平静下来，你大概能想象出大脑严重受损者的表现。这种技术成为在精神病院治疗病人的一种流行的方式。弗里曼开着一辆他称为"脑叶矫正车"的面包车在全国各地尽可能地传授这项技术。在科学纠正之前，大约有2万人被这样做了前脑叶白质切除术。弗里曼在他的全盛时期受到了许多人的批评，但在接下来的20年里，他的工作一直在继续，并为他赢得了最高的荣誉。甚至约翰·F. 肯尼迪总统的妹妹也被接受了脑白质额叶切除手术。今天，碎冰锥脑白质额叶切除手术已经被医学界谴责为治疗精神疾病的野蛮和幼稚的方法。

冰锥脑白质额叶切除术的兴起和衰落与"源于权威的意见"有很大的关系。弗里曼和其他人在科学证据上操之过急。在没有掌握全部事实的情况下，他们就开启了神经外科手术，因为这种手术让他们得到了他们想要的结果。医院欢迎弗里曼医生，他的权威不容置疑，他一个接一个地把需要帮助的患者拉到身旁，把他们变成了没有灵魂的僵尸。仅仅20年后，科学追上了弗里曼医生，并揭示出一点，从医学的角度来看，他所做的事情是不必要的，从道德的角度来看，是可怕的。他的行医执照被吊销了，他去世前成了一个流浪汉。在一个时期赞美他的社会群体，在另外一个时期却抛弃他。

这种对比鲜明的变化在科学界屡见不鲜，现在发生的此类情况比过去几年要少，因为那时人们对科学知之甚少。像大多数现代职业一样，科学尽量避开权威意见的影响，质疑权威的论点，质疑每一条新信息，以免让神经病学在20世纪40年代犯下的错误重蹈覆辙。尽管如此，源于权威的意见还是有着重要的影响力。无论是在教堂还是在立法机构，无论是在生物学还是在商业界，当没有人愿意质疑他们的权威时，都会造成很大的伤害。

那些受到高度尊重的人会造成很大的伤害。

你很自然地认为那些掌权者有着你所不具备的特殊的品质，有着你渴望在你自己内心出现的某种火花。这就是为什么人们有时会认同那些支持异国宗教或谴责健康药物的名人的信念。

如果你仅仅因为某个观点出自一个有声望的人，或者因为这个观点在很多人当中广受欢迎，或者这个观点来自史册，你就认为这种事情是真的，那么你就是被权威意见弄昏了头脑。如果某事是有争议的，它通常意味着有许多专家不同意。明智的做法是根据证据，而不是根据提供证据的人得出自己的结论。另外，如果对某件事有着广泛一致的共识，你可以放松你的怀疑态度，只是不要完全解除你的怀疑态度。

如果一个著名的篮球运动员告诉你应该购买一个特定品牌的电池，在你相信他们之前，问问你自己他们是否是一个研究电气化学储能装置的专家吧。

14. 源于无知的论证

误解 | 当你无法解释某事时,你会专注于你能证明的事情。

真相 | 当你说不清某事时,你往往更有可能接受奇怪的解释。

14. 源于无知的论证

当你走进大自然，意识到自己有很多东西都不知道的时候，会有一种奇妙的愉悦感充盈着你的心灵。

巨大的橡树是如何从不起眼的橡子中生长出来的？一条河流是如何形成一个巨大的峡谷的？宇宙是如何从一个微小的圆点开始，然后爆炸成你今天看到的所有物质和能量的？当你正想给某个人打电话，他（她）却给你打来电话，告诉你他们也正在想你，你对此事怎么看呢？

当你把你确信无疑的东西与浩瀚的未解之物相比较时，你很容易产生神秘感。如果你不了解最新的科学研究，你可能会把一些概念放在未知的领域里，比如微小的种子变成巨大的植物等。你可能认识这样的一种人，他们把磁铁和巨石阵之类的东西看成是无法解开的谜团。人们对这些东西充满敬畏，认为它们神奇而不可思议，或者认为它们的解释超出了现代人类的理解范围。当你被大自然的壮丽和古人的聪明才智所折服时，你所唤起的情感是美好的。思索神秘事物的感觉真好。

这些情感带来的唯一问题是，科学已经解释了你大脑内外的大部分世界。对于《未解之谜》(Unsolved Mysteries) 或里普利的《信不信由你》(Believe it or Not) 或《寻找》(In Search Of) 的粉丝来说，这是一个令人失望的消息。最近，《捉鬼者》(Ghost Hunters) 和《莫名其妙》(The Unexplained) 通过展示被科学毁掉的关于鬼魂的东西而获得了很高的收视率。

在科学之外，像水晶和探测棒这样的神秘新时代道具会影响你的模式认知倾向。你寻找因果关系，但当因果关系不明确时，你就犯了逻辑谬误，认为所有可能的原因都是相同的。

当你走进一所老房子时，你会有一种奇怪的感觉——这里面是不是闹鬼了呀？那些奇怪的吱吱声和撞击声是不是来自灵界的沟通信息？天空中奇怪的光亮，是不是外星人在准备探测毫无戒心的农家？森林里的那些足迹，是不是来自一个友好的、被误解的大脚野人？

大多数被归为超自然领域的东西都是来自人们无知的论证，或者说是你更喜欢拉丁语逻辑学术语的无知推理的结果。简单地说，这就是当你因为找不到相反的证据而判断某个事物的真伪时所犯下的错误。你不知道真相是什么，所以你认为任何解释都是一样的。也许是外星人的飞船发出的光，也许不是。你不知道是不是真的，所以你认为它们是源于星际访客的可能性与来自遥远的直升机上的灯光的可能性大致相同。

你无法反驳你所不知道的事情，来自无知的证明的谬误会让你觉得某事是可能的，因为你无法证明它是假的。你知道这本书现在就在你的手中，但是当你离开房间时，你不能确定它是否会复活，并把你养在房间的小兔子吃掉。尽管如此，你也不想在晚上把书锁起来，以防它积聚起足够的力量来吞食你的脸。仅仅因为你无法证明这本书不会在暗地里渴望吃掉肉体，就降低了它为非作歹的概率。同样，在判断矮妖精、独角兽、丘帕卡布拉和尼斯湖水怪的真伪时，也是如此。不能因为你无法证明这些事物不存在，它们就真的不存在。

缺乏证据既不能证实一个命题，也不能否定一个命题。在其他星球上有生命吗？我们不能仅仅因为它还没有被发现就说有生命，或者说没有生命。不管你对这个问题的感觉如何，如果你认为缺乏证据也可以证明你的假设，那就是错误的。与此同时，你不能活得如此豁达而从不接受证据。迈克尔·杰克逊是一个来自未来的时间旅行者吗？你不能确切地证明这是假的，但有足够的证据证明他是1958年出生的歌手，而不是3022年出生的时间旅行者。

有些人认为从来没有发生过大屠杀，或者相信人类从来没有在月球上行走过，但有足够的证据证明这两个事实。拒绝相信这些事情的人声称他们需要更多的证据才能改变他们的想法，但是即使再多的证据也不能使他们满意。任何一点点的怀疑都会让他们做出"源于无知的论证"。

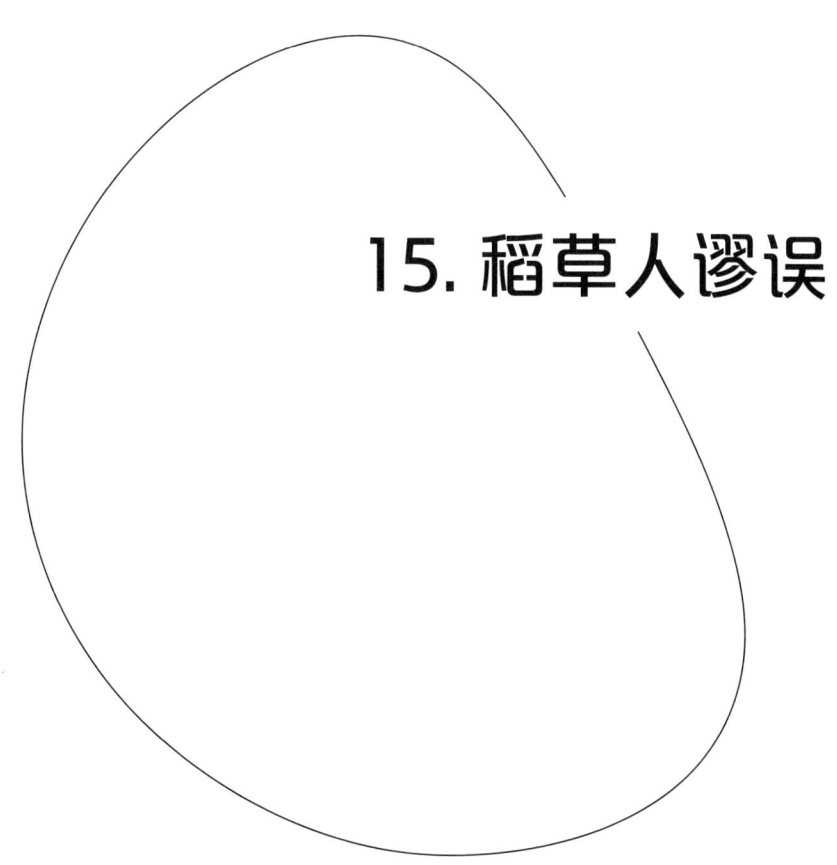

15. 稻草人谬误

误解 | 当你争论时,你会力图尊重事实。

真相 | 在任何争论中,愤怒都会诱使你重新定义对手的立场。

15. 稻草人谬误

当你即将在一场争论中失败时，你经常使用各种欺骗性的手段来支持你的观点。你并不是想要小聪明，但当你对别人生气或想与别人对着干时，人类的大脑往往会遵循一些可预见的模式进行思考。

最可靠、最顽固的逻辑谬误之一，就是"稻草人谬误"，尽管它出现的频率很高，但当你使用它或者其他人使用它时，你往往不会注意到。

"稻草人谬误"是这样运作的：当你陷入一场争论时，无论这场争论是关于个人事项的争论还是公众问题的争论抑或是关于抽象问题的争论时，你有时会诉诸一种方法，构建一个你觉得更容易反驳、争论和表示异议的角色，或者你会编造一个你的对手根本没有提及也没有为之辩护的立场。这个角色就是稻草人。

这种情况时常发生，专业辩手和科学倡导者在坚持自己的观点或反驳别人的观点时，都经过了专业训练，去寻找自己和对手身上的"稻草人谬误"。"稻草人谬误"把你的对手的事实和主张替换成一个你觉得更容易反驳的、臆造的观点。

人们对"稻草人谬误"遵循的模式非常熟悉。你先造出稻草人，其次攻击它，再次指出打败它是多么轻而易举，最后得出你自己的结论。

例如，假设你在争论"是否应该允许人们养宠物鸡"。你认为鸡是丑陋的动物，这是因为你小时候发生过一件不幸的事件，在一个宠物动物园被一只嗜血的母鸡袭击过，从那以后，你就把让家禽远离孩子当成了自己的人生使命。你的争论对手想要改变城市条例，这样他就可以饲养各种各样的看起来像海葵的鸡，然后再把它们卖给宠物店。

你说："如果我们允许人们在他们的后院饲养鸡，很快这些鸡会跑到街道上和地铁里。最终，人们会带着他们的宠物鸡去工作，并把它们写进赠予其他家庭成员的圣诞贺卡里。在这样一个世界里，家禽业将会发生什么事情？没有人会想要吃那些可能是他们宠物的东西。我不想活在那样的世界里，你呢？所以说，不，我们不应该让这个法案通过。"

在创造一个幻想的场景中，如果另一个人的论点获胜，世界就会变得一团糟，这种做法就是在制造一个稻草人。人们很容易看到这些观点的缺陷，也很难为之辩护，但这些并不是对方想要表达的意思。现在，对方必须澄清自己的观点，向所有人保证，他们不希望看到餐厅因为他们的提议而关门。他们现在必须反对你构建出的家禽的世界末日，而不是仅仅提出允许人们饲养一些家禽的合理方法。

在任何关于有争议话题的辩论中，你都会看到辩论双方制造出稻草人踢向对方。有时，人们会把稻草人变成一种警告：让一方获胜会让人类走上毁灭之路。无论在任何时候，只要有人说"你的意思是我们全都应该……"或者是"众所周知……"，你就可以断定一个稻草人马上就要来了。当你或其他人开始想象一个未来的地狱场景，那都是因为你的对手的观点变成了现实，辩论的房间里一定存在稻草人。稻草人也可以出于无知而诞生。如果有人说："科学家告诉我们，我们人类都是猴子变来的，所以我赞成家庭学校。"此人就是在使用稻草人谬误，因为科学家并没有说猴子全都变成了人。

下次当你和别人意见不一致的时候，请注意一下，看看是你还是别人开始使用稻草人。请时刻牢记，无论谁造出了稻草人，都是在使用逻辑谬误，即使他们成功了，他们也没有真正意义上获胜。

16. 人身攻击谬误

误解 | 如果你不能信任某人,你应该会忽略他所说的话。

真相 | 应当将一个人所说的话和其说话的理由分开来判断。

16. 人身攻击谬误

有时候,一场争论会变得非常激烈,你会开始辱骂别人。你攻击他们的人品,而不是攻击他们的立场。当你认为某人讨厌或无知时,你更容易不同意他的观点。称某人为"偏执狂"、"白痴"或"混蛋"感觉不错,但这并不能证明你是对的,也不能证明他们是错的。

这是有道理的,但是当你这样做的时候你并不总是注意到。当你基于一个人是谁或者他属于哪个群体就来判断他(她)所说的是错误的,你就犯了"人身攻击谬误"。Ad hominem(人身攻击)这个词来源于拉丁语,意思是"针对个人的",这就是你在事情失控时常常采用的辩证法。

假设你是一名陪审团成员,在案件中一名男子被指控偷车。原告很可能会通过提起被告的过去来证明他曾数次犯罪,或者让人证明他过去撒过谎。一旦播下了种子——这个家伙是个骗子和小偷——这些可能会影响你对当前争论的看法。无论男子说什么,在你的脑海里,你都会有所怀疑,因为你不相信骗子。如果受审的那个人告诉你天空是蓝色的,面包是可以吃的,你完全可以相信。于是谬误就消失了。只有他们对你不确定的事情发生争论时你才会受到影响。如果他们告诉你他们没有偷车,律师的人身攻击可能会导致你忽视证据,犯下逻辑谬误。

如果一位杰出的科学家被发现伪造他的研究成果怎么办?现在,你会认为那位科学家发现的都是胡扯吗?如果他们所有导致不道德行为的研究都得到了同行的适当的审查,那会怎么样?给科学家贴上狡诈、不道德的标签,这种倾向很难改变。逻辑上的错误是:因为你给他们贴上了标签,认为科学家的人品不好,所以就认定他们的所有工作都是错误的。你也可以这样对待一个错误报道了许多失真事实的记者。你认为如果他们编造了一个故事,那么他们所有的其他故事也有可能是编造的。你感到怀疑是对的,但是根据你个人对他们的感觉来下结论却是错误的。

也许有人批评你的驾驶技术，你回答说："你根本没有资格说我，因为你才是天下最差劲的司机。"你又犯下了人身攻击谬误。你通过攻击对方人品而不是批评对方的论点来反驳他们的观点。

叫骂别人并不是逻辑谬误。在你陷入困境之前，你必须根据你对他们人品的印象来反驳他们的观点，这才是"人身攻击谬误"。如果你因为某个人把所有的钱都浪费在毒品上而拒绝听取他的理财建议，这也是犯下了"人身攻击谬误"。如果一个吸烟者告诉你，他们认为在餐馆里吸烟应该是合法的，你不能仅仅因为他们维护他们的切身利益就对他们挥挥手、不赞成他们的说法。也许他们说的有道理，也许没有道理，但是他们是吸烟者这一事实不应该混淆你的思考。

政治攻击的广告可能会说类似的话"不要投票给苏珊·史密斯，因为她在大学期间当过伏都教巫师"。仅仅因为某个人做过伏都教女祭司就断定此人不能平衡政府预算是不合理的。政治对手也希望你犯人身攻击谬误，当他们指出他们的对手和谁在一起混，或者他们过去和谁做过生意，就是希望你也能够犯下"人身攻击谬误"。让你认为如果他们和骗子或疯子在一起，那么这个人也可能是罪犯或疯子。要知道政治家提出的政策，和他们跟谁一起吃烧烤野餐，完全是两码事儿。

然而，这并不是说如果你看到一个男人身穿香蕉服饰，吹着长笛，还挂着一个标语上面写着"世界末日快到了！"的牌子，你就应该跑回家和家人吻别。避免人身攻击谬论并不意味着你必须平等地相信你听到的每件事。不过，从逻辑上讲，你确实不能肯定地认为身着香蕉服饰的人是错误的。也许世界末日真的要来临了，但你应该根据他能提供的证据做出决定。如果他的观点是基于鸽子的喋喋不休，你完全可以对此置之不理。

"人身攻击谬误"也有着截然相反的表现。你可能会认为某人是值得信任的，因为他们侃侃而谈，或者有着一份体面的工作。很难相信一个宇航员会穿上纸尿裤，开车穿越整个国家去杀她情人的妻子，但这种事情确实发生过一次。如果你是审判这位宇航员的陪审团成员，并且因为你对太空探索者的尊重而拒绝相信证据，人身攻击谬误会引导你进入错觉。

你倾向于将人视为一个个的角色，并在他们的行为与性格中寻找一致性。这通常是一件好事，因为它可以帮助你找到你可以信任的人。判断一个人是否可信和怀疑他们是否在说实话是两码事。在人类进化史上，人品判断一直是一个非常有用的工具，它可以掩盖你的逻辑思维。你可能是一个伟大的法官，擅长判断人品，但你更需要的是精于判断证据，以免让自己受到逻辑谬误的蛊惑。

17. 公正世界谬误

误解 | 在人生博弈中失败的人一定是做了一些罪有应得的事情。

真相 | 好运的受益者往往没有做过能够带来好运的事情,而坏人干了坏事却往往能逃脱应有的惩罚。

17. 公正世界谬误

一个女人穿着细高跟鞋和迷你裙去俱乐部,但没有穿内衣。她喝得酩酊大醉,跌跌撞撞地回家,却走错了方向。她最终在一个治安很差的社区迷了路,结果她被强奸了。

这起事件的发生在某种程度上,女人是咎由自取吗?是她的错吗?这是她自找的吗?

在研究中,研究者向人们描述相似的情景后,人们通常都会对这三个问题做肯定的回答。当你听到一个你希望永远不会发生在你自己身上的情况时,你倾向于责怪受害者,不是因为你是一个残忍的人,而是因为你更倾向于相信自己足够聪明,可以避免同样的命运。你夸大了受害者可能承担的责任,将其描述成为更大的事情,这也是你永远不会做的事情。然而,事实是,强奸事件的发生很少是由受害者的不良行为所导致的。通常,强奸犯是受害者熟悉的人,受害者穿什么或事先做什么对于强奸犯来说并不重要。强奸犯才是要受到指责的人,但许多宣传谴责的对象却是受害的女性,而不是男性。这种信息可以归结为一句话:"不要做一些可能会让你被强奸的事情。"

在小说中,坏人输、好人赢是很常见的情节。这是你希望看到的世界的方式——公正和公平。在心理学上,认为这就是现实世界的运作方式的倾向被称为"公正世界谬误"(The just world fallacy)。

更具体地说,这是一种对可怕的不幸,如无家可归或吸毒成瘾等事情,做出反应的一种倾向,即相信被困在这些情况下的人一定是做了什么咎由自取的事情。这其中的关键词是"活该"。这种看法并不是说糟糕的选择可能导致糟糕的结果。"公正世界谬误"帮助你建立了一种错误的安全感。你想要自己掌控一切,所以你认为只要你避免不良行为,就不会受到伤害。当你相信那些从事不良行为的人最终流落街头，或怀孕，或吸毒成瘾，或被强奸时，你会感到自己更安全。

1966年，梅尔文·勒纳和卡洛琳·西蒙斯进行了一项研究，他们让72名女性观看了一位女性解答问题的全过程，并在她犯错时电击她。事实上，这位女性只是在装模作样，只是这72名旁观者并不知情。当研究者让旁观的受试者来描述被电击的那个女性时，大多数观察者都贬低了她。她们指责她的人品，痛斥她的外貌，她们说她活该遭到电击。

勒纳还教过一门关于社会学和医学的课程，在课上他注意到许多学生认为穷人只是想要施舍的懒惰之人。于是，他又进行了另一项研究，让两个人来解决难题。最后，他把一大笔钱随机奖励给了其中的一个人，并且他告诉观察者们奖励是完全随机发放的。尽管如此，当他后来邀请观察者们评价两位被观察者时，观察者们依然坚持说得到奖励的那个人更聪明、更有才华、更擅长解谜，而且做起事情也更有效率。自勒纳的研究开展之后，心理学家们又做了大量的研究。大多数心理学家都得出了相同的结论：你希望世界是公平的，所以你会假装它是公平的。

"公正世界谬误"可能是人类头脑中根深蒂固的东西。无论你是自由派还是保守派，当你听到别人的痛苦时，这种谬误让你产生的一些想法会影响你的情绪反应。瑞典林雪平大学（Linkoping University）的罗伯特·索恩伯格（Robert Thornberg）和斯文·克努森（Sven Knutsen）在2010年发表的一项研究中，研究人员要求一些青少年解释校园欺凌的原因。虽然大多数学生说这些校园欺凌恶霸是贪婪和残忍的，但42%的人则将矛头对准了那些很容易成为被欺凌目标的受害者。请问问你自己：当你看到有人在学校欺负别人时，你认为受害者应该挺身反抗吗？你认为那些被骚扰和嘲笑的人应该学习如何着装，如何表现得更自信，如何隐藏他们的书呆子气呢？在一些涉及恶霸的电影中，主角总是要学会如何挺身而出进行反击。只有当受害者承担起责任时，那些恃强凌弱的恶霸们才能够得到应有的教训。研究表明，虽然你知道恶霸是坏人，但你却认为这是不可改变的。世界上到处都有坏人。然而，受害者有能力结束自己遭受的折磨。在同一项研究中，21%的学生责怪受害者，那是因为他们只是旁观者。更少数的人说这归咎于社会或者人性。大多数同学认为，这个世界是公正和公平的，当坏事发生时，只有涉及其中的人，也就是受害者和恶霸们，才应当受到责备。

你听说恶有恶报，或者见到过某个人终于得到了其应该得到的结果。于是，你想到这就是报应。其实，这些都是公正世界谬误的表现。如果世界不公平，那将会非常糟糕。世界的天平一端是正义，另一端是邪恶，这听起来似乎非常有道理。你愿意相信那些努力工作、做出牺牲的人会成功，而那些懒惰和欺骗的人则注定失败。当然，事情并不总是如你所愿。成功往往很大程度上取决于一系列因素的影响，例如你的出生时代、成长地点、家庭的社会经济地位以及社会上的各种随机机遇。世界上一切的努力工作都无法改变这些既定的因素。当然，接受这一点，并不意味着那些生来贫穷的人就应该听天由命、放弃奋斗。毕竟，没有行动就一定不会有结果。在一个公正的世界里，不管你奋斗的初始条件是什么，奋斗应该是唯一的规则。但是，现实世界要复杂得多。人们既可以选择奋斗，也可以选择逃避，但这并不意味着那些没有选择逃避的人就没有尽最大努力摆脱困境。如果你看着那些受压迫的人，想知道为什么他们不能摆脱贫困，找不到像你这样的好工作，那你就犯了"公正世界谬误"？因为你忽视了你天生就有的幸运，而这些他们却没有。

当骗子和行骗者在这个世界上出人头地，而消防员和警察每天从事高强度工作却拿着微薄的薪水时，这是令人愤怒的。在你的内心深处，你愿意相信努力和美德会带来成功，而邪恶和欺诈会导致毁灭，所以你继续对这个世界进行编辑，使之与你的这些期望相吻合。然而，在现实世界中，邪恶往往大行其道，却从不为此付出代价。

心理学家乔纳森·海特（Jonathan Haidt）表示，许多没有意识到自己相信因果报应的人，在其内心深处仍然相信某种因果报应，在他们自己的文化中，因果报应都会找到相应的说法。他们认为福利或平权行动等制度破坏了自然世界的平衡。他们认为，如果政府不插手安顿那些懒人，那些偷懒的人就会得到他们应得的报应。他们的恶业迟早会找上门来，将他们压垮，但是人为的力量却阻止了这种情况的发生。与此同时，由于这些人遵纪守法、缴纳税金、牺牲休息时间换取加班工资，他们认为这么做一定会带来结果，他们对美好生活的追求不会是徒劳的。他们认为富人应该得到他们所拥有的。总有一天，他们所产生的所有善业会将他们提升到更高的社会阶层，加入那些拥有他们应得的人的行列。"公正世界谬误"告诉他们，公平是建立在系统中的，所以当系统中产生了人为的制度来破坏善恶有报的平衡时，他们愤怒了。

为什么我们会这样想呢？

心理学家对此也无定论。有人说，这是一种需要，能够预测自己的行为的结果，或在感到你过去做出的决定是正确的，人们会感到安全。如果想弄清楚这个问题，还需要更多的研究。但是可以肯定的是，你希望生活在这样一个世界里：戴白帽的人会将戴黑帽的人绳之以法。但是事实上你所生活的世界并不是这样的。

但是，不要因此而气馁。你可以接受生活是不公平的，但仍要愉快地享受生活。你不能完全掌控你的生活，但是你可以完全掌控很大一部分的生活——那就好好享受这部分生活吧。要记住这个世界的不公平本质，人们无法选择自己的出身，这意味着人们经常遭受不幸，也常常会不用做出任何努力就能享受富裕。如果你认为世界是公平的，那些需要帮助的人可能永远得不到帮助。要意识到，尽管我们都要为自己的行为负责，但邪恶行为的责任在于作恶者，而不是受害者。没有人应该被强奸、被欺负、被抢劫或者被谋杀。为了使世界更加公正和公平，你必须让邪恶更难存活，而你不能仅仅通过减少其潜在目标的数量来做到这一点。

18. 公物博弈

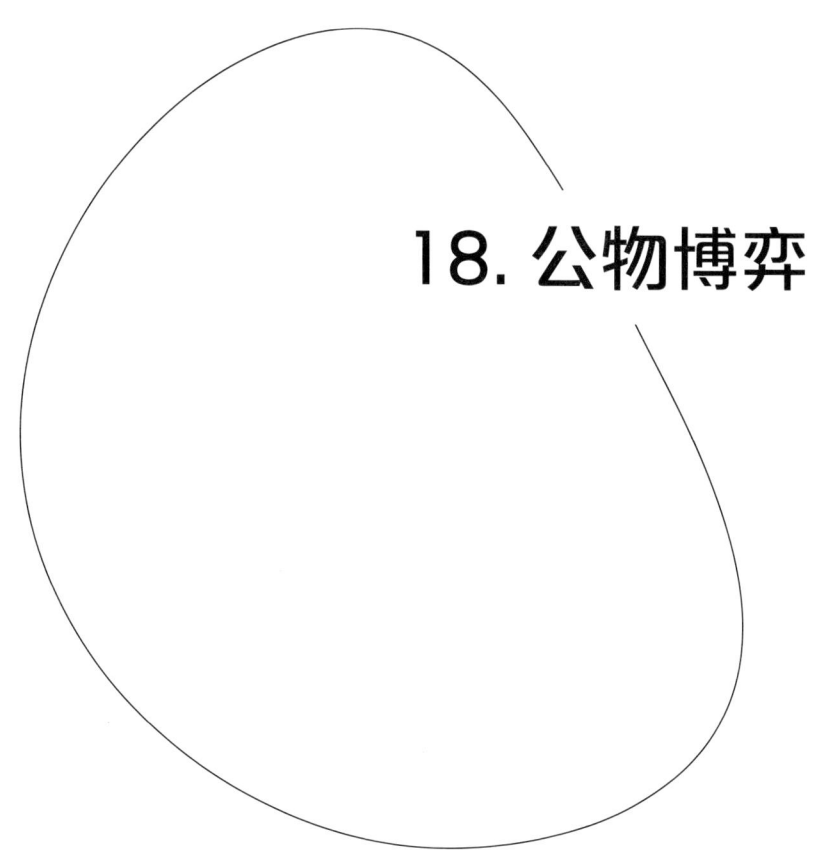

误解 | 我们可以创造一个没有规则的系统,在这个系统中每个人都将为社会做贡献,每个人都将受益,每个人都将快乐幸福。

真相 | 如果没有某种形式的监管,游手好闲者和骗子将破坏经济体系,因为人们不想自己被当作傻瓜来看待。

18. 公物博弈

在你听说"公物博弈"这个名词之前,你需要了解什么是"公物的悲剧"。这个概念来自地质学家加勒特·哈丁在1968年发表的一篇文章。那篇文章指出,你并不太擅长分享公物。

想象有一个巨大的湖,湖里面满是鱼。只有你和另外三个人知道这件事情。你们四个人都同意你们只从湖里钓自己需要吃的鱼。因为只要每个人都按需钓鱼,那个湖里的鱼就会一直很多。

有一天,你碰巧注意到另外三个人中的一个人已经开始钓取超出他(她)需要的鱼,并到附近的城镇上出售多余的鱼。最终,那个人拥有了比你们三个更好的鱼竿。

你会怎么做呢?

如果你也开始选择过度捕捞,你也可以得到一根更好的鱼竿,甚至还可以买一艘小船。也许你会和那个最初背叛诺言的骗子合伙。也许四个人都开始随心所欲地钓鱼。也许你会把湖中有鱼的事情公之于世。以上所有的这些情况都可能导致共同利益的毁灭。如果你选择什么都不做,那个湖中的鱼仍然能够养活你以及遵守诺言的另外两个人,但是那个违背诺言的骗子却赢了。面对这种不公平的情况,你是无法控制住你的愤怒之情的。

在与上文中提及的那个想象的湖类似的情况下,人们都会选择不落后于人,结果每个人都会蒙受损失。举个例子,在一个大型的节日宴会上,如果每个人取得食物都远超过其所需要的分量,那么这就变成了一场零和游戏,但是如果每个人只是按需取走自己的食物,那么每个人都是赢家。侵占公物的悲剧在于,随着时间的推移,公物会因为一点点的贪婪而被耗尽。一个误入歧途的剥削者足以能够使整个系统崩溃。贪婪具有极强的传染性。

那么，如果每个人都为增加公物做出贡献而不是无限索取，那会是一个什么局面呢？即使这样也无法避免以上的悲剧。作弊者可以毁掉整个系统，但不是靠他们自己毁掉，而是因为当人们意识到被欺骗时，他们贪婪的传染性就会扩散。不幸的是，对人类行为的研究表明，在为公物做贡献方面，你并不是那么聪明。

"公物博弈"是这样运作的：

一群人围坐在一张桌子旁，每人都得到几美元。他们被告知，可以往公共的罐子里投钱。然后，一名实验者会把罐子里的钱翻倍，然后按照同等比例分配给所有的人，即每个人获得相同的回报。

假设一共有10个人，每个人最初都持有2美元，他们都把钱投放在了罐子里，罐子里就会有20美元。实验者将其翻番，就成了40美元，再除以10，由10个人平分。第一轮下来，每个人都得到了4美元。这个游戏一轮一轮地进行，你可能会认为每个人每次都会把手中所有的钱都投进去，但是事实并非如此。有些人通常很快就领会了这个游戏的门道儿，意识到他们可以投入很少，甚至压根不投入，然后，他们就开始比其他人赚得更多的钱。

倘若除了你之外每个人都把自己的2美元投到罐子里，罐子里的钱就是18美元，翻番就是36美元。除以10，10个人平分就是3.6美元，当然这其中也包括你，而事实上你根本没有往罐子里投入一分钱。

在这个游戏中，每个人都可以清楚地看到大家放在罐子里的钱是否足够多。这个罐子里的钱一般会先增长一段时间，然后就开始减少，因为人们开始通过扣留资金来试水。这种行为逐渐蔓延开来，因为没人想成为笨蛋，就这样最终经济会陷入停滞之中。如果允许人们选择惩罚作弊者，作弊行为就会停止，人人都成了赢家。如果不惩罚作弊者，而是奖励那些获得最多资金的玩家高手，在几轮后经济将再次崩溃。

这个游戏最疯狂的地方在于，仅仅因为团队中某一个人的搭便车行为，众人就停止给公共利益做贡献是多么不合逻辑。如果其他人仍然选择做游戏的好公民，那么他们都会是赢家。但是，当你看到作弊行为时，你古老的情感大脑就开始活跃起来。这是一种本能的反应，你的祖先们曾经非常好地使用过那种反应。你知道，在内心深处，作弊者必须受到惩罚，因为只要有一个作弊者，经济就会崩溃。你宁愿输掉比赛也不愿意帮助那些没有帮助你的人。

这个游戏有时被用来说明一个道理：监管对于维持任何一种非营利性公共产品是多么的必要。如果不强迫人们交税，黑暗的街道上就永远不会装上路灯，桥梁也会坍塌。只具备逻辑思维的纯逻辑生物，能够认定生活不能是一场"零和博弈"，但可惜你不是一个纯逻辑的生物。如果你认为系统在欺骗你，你也会选择作弊。

帮助别人，并阻止作弊的冲动，帮助像你这样在一个小群体中生存了数百万年的灵长类动物。但是当系统变得庞大和抽象时，例如涉及一个国家财政预算或一个州的福利制度时，就很难通过那些古老的世界进化行为发挥作用了。

公物的悲剧可以用来作为私有财产的理由，以鼓励你守护好自己分得的那块土地，但你可能会想，并不是每个人都会买节能汽车、回收塑料，那么你为什么要这样做呢？

公物博弈启发我们要通过惩罚进行监管，以阻止偷懒的人钻空子。

这并不是说你不想帮忙，你只是不想帮助一个骗子或者比一个游手好闲的人承担更多的工作而已——哪怕这可能会毁了你和其他人的游戏。

19. 最后通牒游戏

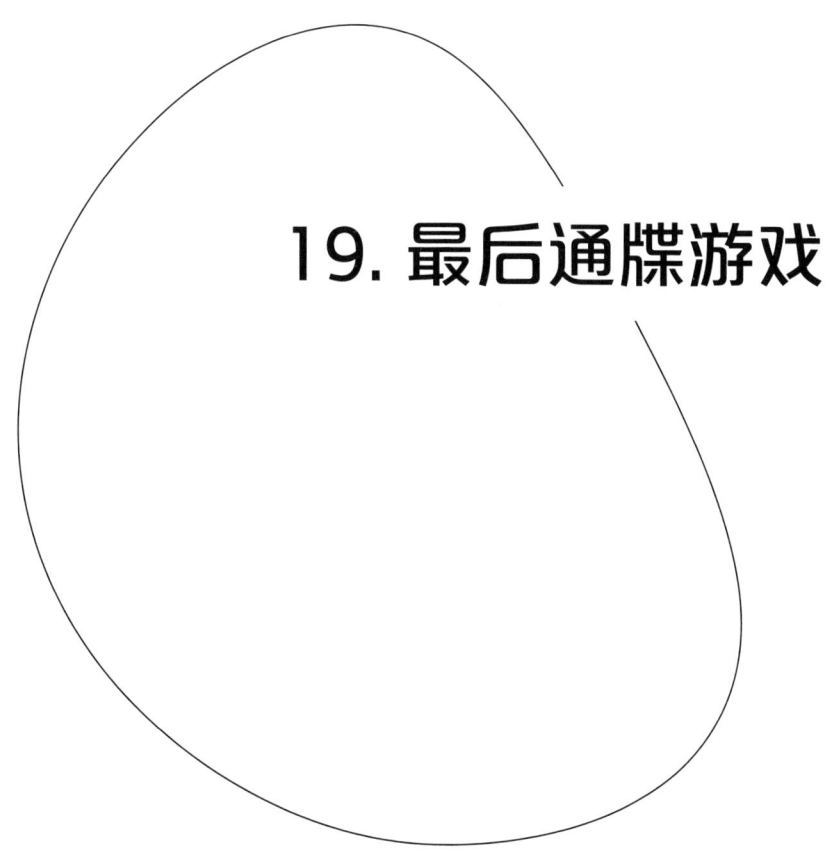

误解 | 你会基于逻辑选择接受或者拒绝一个提议。

真相 | 在做交易的时候,你会根据自己的社会地位做出决定。

假设你中了100万美元的彩票,但是有一个条件。

这是一种新型的实验性彩票,按照州政府规定,你必须要与一个陌生人分享你的奖金。你可以决定如何分配这笔钱,但对方有权利选择拒绝你的提议。如果他们拒绝了你的提议,你们两个人都会一无所得。你只有一次机会,你们两人从此以后再也见不到对方了。你准备给那个人多少钱呢?

就在此时此刻,你身体中最具人性的东西被激活了。你与其他动物最大的不同之处在于你复杂的社会推理能力。数以百万计的变量在你的头脑中相互作用,你调试着这些因素创造出尽可能多的模拟来预测未来。你根据自己的直觉和经验来想象对方会选择怎么做。

现在你有10秒钟的时间来决定。

哦,天哪!我该怎么做?

对于你来说,最符合逻辑的做法是给那个陌生人一小笔钱。1000美元怎么样?毕竟,如果那个人拒绝你的提议,他(她)一分钱也不会拿到。但是不幸的是,人们一般不会基于逻辑来处理这种情况。当公平受到威胁时,情感就会占据上风。在你大脑深处的某个地方,你可以预测到这一点,就像大多数人一样,你会打算向他们提供接近一半的钱。

当真实的人在实验室中使用真金白银进行分配时,发现大多数选择给对方少于总金额的20%的提议都遭到了拒绝。在这种情况下,即使你才是中奖的那个人,你也不得不至少分给对方20万美元。

如果把这个问题交给电脑解决,电脑给出的答案永远是大于零的任意数。对于一个具有纯粹的逻辑思维的大脑来说,有总比没有好。如果把这个问题交给人类去解答,你不得不面对人类300万年的进化史。

在野生状态下，我们以群体形式生活——一个群体通常不超过150人。而了解你在这个群体中的排名是至关重要的。生存取决于你的人际关系和社会地位。对灵长类动物来说，名誉和地位比金钱更为重要。拥有钱多的人社会地位会高，但是如果你身处《僵尸末日》那种绝境中，所有的金钱就会突然变成了一堆废纸。你的社会地位很快就会被其他因素所决定。

在以上中彩票实验中，你打算分给别人的钱，被看作是你对他（她）社会等级地位的估计。如果他们接受的钱的比例低于总金额的20%，他们会感到自卑，感觉自己不受尊重。他们在别人眼中就会失去一定的社会地位。无论总金额是多少，在真人实验中，如果出价低于总金额的20%，双方都会成为输家。你本能地知道这一点，当最后通牒游戏在实验室里进行时，大多数人会拿出一半的奖金分给另外一个人。当你知道对方可能会因为你的不公平而报复你时，你就会产生一种类似利他主义的感情，而正是这种情况让你的祖先脱离了野生状态，进入了文明社会。

如果做最后决定的人血清素（一种由色氨酸形成的有机化合物）水平较低，这种效果会表现得更明显。如果一个人感到悲伤和被人嫌弃，他们会要求得到更多的钱，否则他们将选择不接受。他们的默认背景让他们感到自己的社会地位较低，因此他们不愿意接受不公平的报价提议，从而进一步降低自己的社会地位。

后来，实验者改变了规则，出价的人无论提议让出多少最终都可以留下自己的那一份钱。在这种情况下，几乎所有的提议者都提出给对方总金额的10%，以试图减少对方的所得。

这种情况在生活中经常出现。你可以根据自己在群体中的社会地位来决定什么时候要求加薪，什么时候在法庭上提起申诉，什么时候登台演唱。如果你的社会地位很低，你就不会选择冒险，以免受到进一步伤害。如果你的社会地位较高，你就会期望得到更好的待遇。

不公平就会遭受到报复，这种预期是人类确保公平的一种方式，而你深谙此道理。你感知到的社会地位是你在解答接受、拒绝和向他人提供帮助时所形成的无意识等式的一部分。你其实没有那么聪明，所以如果能确保将来得到公平对待，并在社会阶梯上有一个更安全的等级，你可能情愿现在选择一无所得。

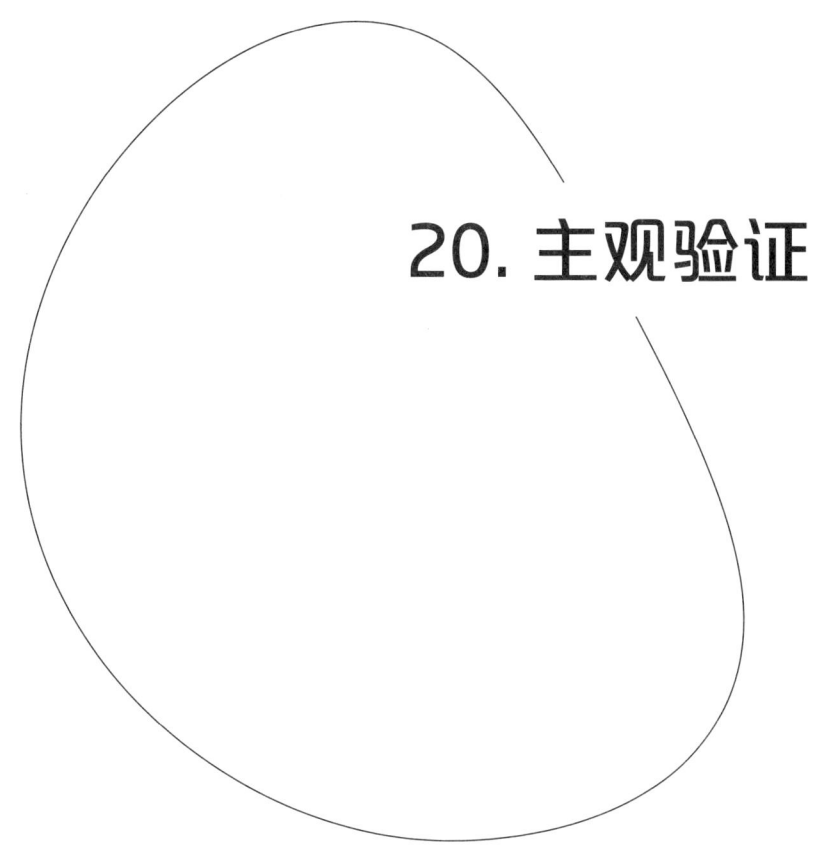

20. 主观验证

误解 | 你对所有笼统的说法都持有怀疑态度。

真相 | 你倾向于相信模糊的陈述和预测是真实的,特别是当如果是积极的,且与你个人相关时,你更是如此。

20. 主观验证

为了使得我撰写的这本书能够在全球各地上架，我收集了评论、电子邮件，以及"其实你没有那么聪明"博客上的资料，并引荐了市场营销研究中的人口统计信息，在此基础上，我已经知道你是一个什么样的人。

以下是我的发现：

你需要别人喜欢你，欣赏你，但你往往对自己很挑剔。虽然你有一些性格上的弱点，但你通常能够弥补这些弱点。你还有大量的能力尚未被你使用，尚未转化为你的优势。在外人看来自律的你，内心往往不安，缺乏安全感。有时你会怀疑自己是否做出了正确的决定或做了正确的事情。你希望自己较之现在有所改变，因此，当你受到某种限制和束缚时，你就会心生不满。你也为自己是一个独立的思考者而自豪，如果没有令你信服的证据，你将不接受他人的陈述。但你发现，过于坦率地把自己的想法暴露给别人是不明智的。有时你是外向的，和蔼可亲，善于交际；而有时你是内向的，谨慎细微，保守沉默。你的一些愿望往往是相当不切合实际的。

以上这番描述准确吗？它描述的是不是你呢？

它应该是准确的。它描述了每一个人。

以上所有的结论都来自美国心理学家伯特伦·R. 福尔（Bertram R. Forer）在1948年开展的一项实验。他给他的学生做了一个人格测试，告诉他们研究者会对他们每个人做出单独的评估，但之后却给每个人都做了同样的分析结果。

他要求学生们仔细阅读这些分析报告，并要求其对报告的准确性进行评分。平均而言，他们认为这份虚假的分析报告的正确程度是85%——就好像这份报告是分别为每一位学生准备的，分别描述了他们各自的人格。事实上，这项测试使用的材料是福尔为了这项实验所收集的占星术中星座运程的大杂烩。

人们倾向于相信那些旨在吸引所有人的模糊陈述，这种倾向被称为"福尔效应"。心理学家指出，这种现象可以用来解释为什么人们会相信诸如生物节律、虹膜学和颅相学之类的伪科学，为什么相信诸如占星术、数字命理学和塔罗牌等神秘主义。"福尔效应"是一种更常见的心理现象，心理学家称之为"主观验证"。也就是说，当谈话的主体是你自己时，你更容易受到暗示的影响。

你的头脑时刻都在思考你自己，思考你是什么样的人，这些想法占据了大量的精神空间。由于文化的差异，大多数人都渴望成为一个独立的、独特的、特殊的人，他们的希望、梦想、恐惧和怀疑都是独有的。如果你有办法，你可以把一切都做个性化处理：你的汽车车牌、你的手机铃声、你电脑的壁纸、你卧室的墙纸。

你周围的一切都反映了你的个性。无论是通过消费还是通过创造，逐渐培养一个无与伦比的自我，这对你来说都不是一件容易的事情。然而，在先天和后天之间，我们比你想象的要相似得多。从遗传基因角度来看，你和你的朋友几乎一模一样，没有什么差别。这些基因创造了大脑，大脑产生了智力，而你的思想由此产生。因此，从基因角度来说，你的精神生活和其他人的一样，就像你鞋子里的两只脚一样。然而，我们的文化是不同的。我们在不同环境中的不同经历塑造了我们。然而，在内心深处，我们是一样的，没有注意到这一点，就会被人利用。

如果一个语句是含混不清的，你认为它针对的就是你，你会找到各种方法来将信息与你自己的特征匹配起来，从而消除其中的含混不清。你回想一切，想弄清楚你是谁，并应用同样的逻辑，将你的品质与他人的品质区分开来。

这里有一段取自某个占星术网站的摘录："今天的某个时刻，你会感到你不够努力工作，无法使自己再前进一步，你可能由此而感到恐慌。这也许是一个非常好的激励因素，但你不需要比现在更努力。你的运气不错，而且会保持下去。你只要按照自己的节奏前进即可。"

同一天，同一个网站上还有这么一段话，但是讲的是另外一个星座的运势："在这一天就要结束的时候，你可能会觉得自己的步子有些缓慢，但请不要对自己太苛刻。明天到来之前，你自然能够给自己充好电。所以今晚你应当选择在家放松自己，阅读一本好书。"

从直观上看，占星术描述的是我们都经历过的事情，但从一堆事物中随意挑出一个，稍微变换一下说法，你就会发现它与你生活中的所有细节都吻合。如果你相信你自己的生活是受到了某个星座的支配，并且行星的运动可以预测你的未来，那么笼统的陈述就会变得更加具体。

正是这种希望赋予了"主观验证"力量。如果你希望通灵者或者灵媒是真实存在的，或者希望圣石能预测未知，你就会设法相信它们，即使它们岌岌可危，几乎站不住脚。当你需要某件事是真实的，你会寻找模式让其变得真实。你把这些毫无意义的点连接起来，就像对待星座里的星星那样。你的大脑讨厌混乱无序。所以你会从云朵里看到脸，从篝火里看到魔鬼。那些声称拥有占卜能力的人劫持了人类的这些自然倾向。他们知道他们可以先利用你的"主观验证"，然后再利用你的"确认性偏见"。

心理学家雷·海曼（Ray Hyman）一生的大部分时间都在研究欺骗术。在进入科学殿堂之前，他曾是一名魔术师，后来发现看手相比玩纸牌能赚更多的钱，于是他开始研究心理学。海曼读手相的职业生涯中最疯狂的事情是，像许多通灵者一样，随着时间的推移，他开始相信自己确实拥有通灵能力。来找他的人对他都很满意，都为之倾倒，因此他认为自己一定具备真正的通灵技能。就这样，他和他的客户之间就形成了双向的"主观验证"。

海曼使用了一种叫作"冷读"的技术：他先从笼统陈述的广角镜头入手，观察对方寻找线索，再逐步缩小范围，最后聚焦，这似乎像是拥有一种强有力的洞察力可以直击对方的灵魂。它之所以有效，是因为人们往往忽视那些小失误，而专注于那些被说中的事情上。在海曼努力完成大学学业的过程中，另一位通灵者斯坦利·贾克把他拉到一边，让他尝试一种新的做法，把他从妄想中拯救出来。这种新的做法是告诉人们他从人们的手相中读出的相反的信息。结果如何呢？他们依然对他的能力惊叹不已，与之前相比更有过之。"冷读"非常有效，但是当海曼把它抛到一边，照样可以让人们为之赞叹。海曼意识到他说什么并不重要，只要他说得好就可以。对方会自己完成所有剩下的工作，自己欺骗自己，把笼统的一般性的描述看作是具体的针对性陈述，就像"福尔效应"一样。

为了赚钱，通灵者和手相大师选择为死者说话或者预测未来之事，其实这都是依赖于"主观验证"。

请记住，你欺骗自己的能力比任何魔术师的能力都强，而且魔术师有很多种伪装。你是一个受希望驱使的生物。当你试图理解这个世界的时候，你会专注于那些已经就位的、有意义的东西，而忽视那些混乱的、无意义的东西，然而这生活中有太多对你来说无意义的东西了。

当你看到一套星座运势时，就请从头到尾通读一遍。当有人说他们能看透你的心时，要意识到我们所有人的心大都是相同的。

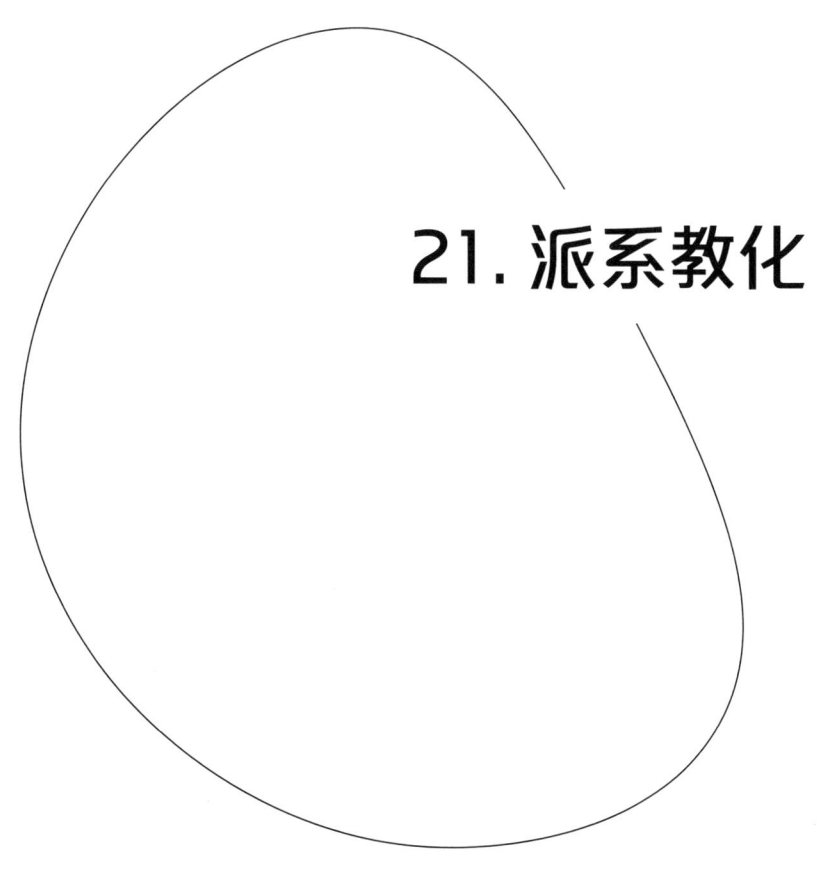

21. 派系教化

误解 | 你非常聪明,不会加入派系。

真相 | 派系正是由像你这样的人组成的。

崇拜是人类自然倾向的副产品。你有一种天生的欲望，想要成为一个群体中的一员，想要和一群有趣的人在一起。如果你曾经崇拜过一个你从未真正见过的人，比如一个音乐家，你就已经体验过这种崇拜现象的萌芽了。

很难把握"崇拜"这个词的内涵，因为从远处看，许多组织、机构和宗教都可以被视为派系的一种形式。团体和派系之间的界限也非常模糊。这个模糊的界限往往使你不知不觉地成为某个派系的一员。

对派系的研究表明，你通常不会因为某个特定的原因加入到一个派系当中；就像是成为任何社会群体中成员一样，你会不经意地成为某个派系的一员。想一下，你是什么时候加入你的朋友圈的？多年以来，你的密友们可能已经发生了很大的变化，但是除了避开那些讨厌的人之外，你还会主动选择和谁一起出去玩呢？

加入派系的人，并不都是缺乏安全感或者情绪脆弱。你可能会认为你才不是那种会被有远见的领袖所迷惑的人，但是实际上你并没有你想象的那么聪明。根据美国心理学家大卫·迈尔斯（David Myers）的说法，派系是围绕着活泼有趣的个人形成的，这包括吉姆·琼斯、大卫·考雷什、罗恩·哈伯德、查尔斯·曼森等，但人们通常追随的不是领袖，他们追随的是领袖们宣称的要为之服务的理想。这些领袖们似乎已经解决了一些问题，而你也想解决这些问题。甘地、切·格瓦拉、泰伦斯·麦肯纳、苏格拉底都是伟大的思想家，他们似乎能领悟到各种奥秘，都能洞悉更伟大的事情。很自然，人们开始追随他们，希望通过潜移默化感受到他们的魔力。这些人的追随者是派系狂徒吗？看，这就是派系定义不成立的地方。这也是为什么你容易受到这种行为的影响。

作为灵长类动物，你对群体动态有着敏锐的意识。你天生就喜欢与人交往，喜欢与群体联系起来。数百万年来，你的生存都得益于此。此外，你不会因为探索你是谁的问题而去无视你的行为、选择和感受。相反，你对自己有一个理想主义的愿景，一个你在脑海中想象出来的人物角色，你总是试图成为那样的人。你寻找一些群体，强化联系，以便在你向自己讲述故事时更好地确认你是谁——这个故事解释了你为什么去做你要做的事情。

迈尔斯说，派系始于一个有魅力的人物。也许这个人认为他们在某些方面与众不同，也许他们天生就非常有趣。人们开始追随他，这个有魅力的人成为一个自发的团体中的权威人物。如果这个人有一个纲领，或者有一个目标，或者有一些他们想要消灭的敌人，他们就会把狂热的粉丝的善意变成行动。如果他们的目标难以实现，他们会试图通过招募或劝诱来扩大自己的群体。通常情况下，这些领袖会隐藏自己的真实意图，以免吓跑那些潜在的群体成员。一些领袖知道他们自己在做什么，但是另一些领袖只是遵从他们的直觉，在他们意识到他们做了什么之前，他们的周围已经不经意地形成了派系。

如果你曾经自称为任何人的粉丝——那个人可能是音乐家、导演、作家、政治家、技术天才、科学家——你正在经历派系教化的第一个阶段。如果你要去面见你最崇拜的人，并有机会定期和他们在一起，你愿意吗？你是愿意的。接下来会发生什么将取决于一系列混乱的变量。有时结果是形成了一个派系；有时即使有些派系的领袖已经去世，派系却依然存在。这里不存在幕后主使，任何人都不能决定组织或加入派系。派系并不是事先设计好的，它们是人类各种正常倾向出错所导致的结果。

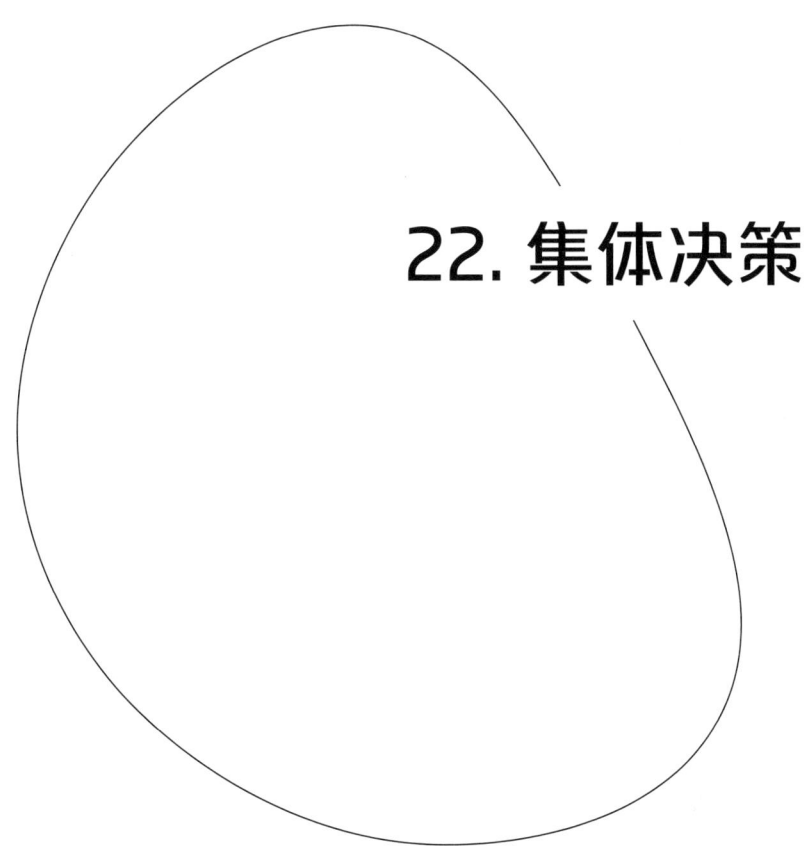

22. 集体决策

误解 | 当一群人聚在一起讨论解决方案时,问题更容易得以解决。

真相 | 达成共识和避免对抗的愿望阻碍了进步。

22. 集体决策

当一群人聚在一起做决策时，心理动物寓言集中的各种恶魔都会被召唤出来。盲目从众、强词夺理、刻板印象、夸大妄想——这些都是它们的表现，没有人愿意把它们打回地狱，因为这可能会导致人们放弃这个计划或者引起一场令人厌恶的争论。群体依靠维持和谐而生存。当每个人都很快乐，他们的自我不受伤害时，往往能够提高生产力。无论你是狩猎水牛还是出售电视，都无一例外。团队精神、士气、团队凝聚力——所有的这些都是管理者、指挥官、酋长和国王们长期推崇的黄金法则。你本能地知道不同意见会导致混乱，所以你会尽量避免分歧。

这一切都很好，直到你发现自己身处一个群体之中，而你的大脑还没有准备好，就像没准备好完成某项任务一样。在应对老板和财务计划时，用来应对捕食者和猎物的群体生存问题的思维方式就表现得没有那么好了。不管你从事什么样的工作，都需要大家时不时地聚在一起，共同制订计划。有时你以小组为单位，有时是整个公司去完成某项任务。如果你的团队有权利雇用或解雇人，那么集体决策就开始发挥作用了。

有老板在身边，你会感到紧张。你开始观察小组的其他成员，试图弄清他们的一致意见是什么。与此同时，你也在权衡发表不同意见的后果。问题是，团队中每个人都在做同样的事情，如果每个人都认为冒着失去朋友或工作的风险不是个好主意，大家就会达成错误的共识，没人会采取行动来挽救。

通常，在这类会议结束之后，两个人会私下交谈，并承认他们正在犯错误。那他们为什么不在会上把这样的话提出来呢？

心理学家欧文·詹尼斯在阅读了美国入侵古巴南部猪湾的有关报道后，通过研究发现了这种行为。1961年，约翰·F. 肯尼迪（John F. Kennedy）总统试图用1400名流亡者推翻菲德尔·卡斯特罗（Fidel Castro）。那些人不是职业军人。他们的人数也不多。并且古巴知道他们会来。他们都被屠杀掉了。这导致古巴与苏联建立了友好关系，几乎酿成了一场核灾难。约翰·F. 肯尼迪和他的顾问们都是非常聪明的人，他们掌握了所有数据，他们聚在一起，策划出了一件非常愚蠢的计划。这件事情结束后，他们无法解释他们为什么这么做。詹尼斯想要弄清事情的真相，他的研究对集体决策现象进行了科学分类。"集体决策"（Group thinking）是威廉·怀特（William H. White）在《财富》（Fortune）杂志上首创的一个术语。

事实证明，对于任何有效计划的制定，每个团队都需要包含至少一个"坏人"，即使他被解雇、流放或者被逐出团队，他也不会在乎，依然会选择言无不尽。为了让一个群体做出正确的决定，就必须允许不同意见存在，并让每个人相信，他们可以自由地表达自己的想法，而不必承担受到惩罚的风险。

这似乎是常识，但除非你知道如何避免从众，否则你会将大家的共识合理化。有多少次你选择了一个没有人真正想去的酒吧或餐馆？又有多少次你给别人的建议并不是出自你真实的想法？

最近的房地产市场崩溃、未能阻止珍珠港袭击、泰坦尼克号沉没、美国人入侵伊拉克——所有这些都可以归结于集体决策导致的糟糕决策的情况。

真正的集体决策取决于三个条件——互相喜欢的一群人、相对规律，以及做出重要决定的最后期限。

作为一个灵长类动物，你很容易加入一个群体，然后觉得自己应该保护这个群体不受其他群体的伤害。当团队聚在一起做决定时，就会产生一种坚不可摧的幻觉，在这种幻觉中，每个人都能在凝聚力中感到安全。你开始将其他人的想法做合理化处理，而不选择重新考虑自己的想法。你想要保护团队的凝聚力不受任何伤害，所以你克制怀疑，你选择不争论，也不提供替代方案——既然每个人都这么做，团队的领导者就错误地认为每个人都同意。

研究表明，如果不允许老板表达他或她的期望，这种情况是可以避免的，因为老板不发言，就能防止他（她）的意见变成众人的观点。此外，如果团队每隔一段时间就分成两人一组讨论手头的问题，也可以在一定程度上鼓励讨论者发表异议。更好的做法是，在这个过程中允许局外人定期发表他们的意见，以保持结论的客观性。最后，指派一个人扮演"坏人"的角色，让他负责给拟定的计划挑刺儿。在你与他人达成共识之前，先让自己冷静一段时间，这样你的情感就会恢复正常。

　　研究表明，允许成员意见不一致但仍然是朋友的一群人更有可能做出较好的决定。所以，下次当你和一群人试图达成共识的时候，你就选择做那个"坏人"吧。每个群体都需要一个"坏人"，那不妨你来做吧。

23. 超常释放者

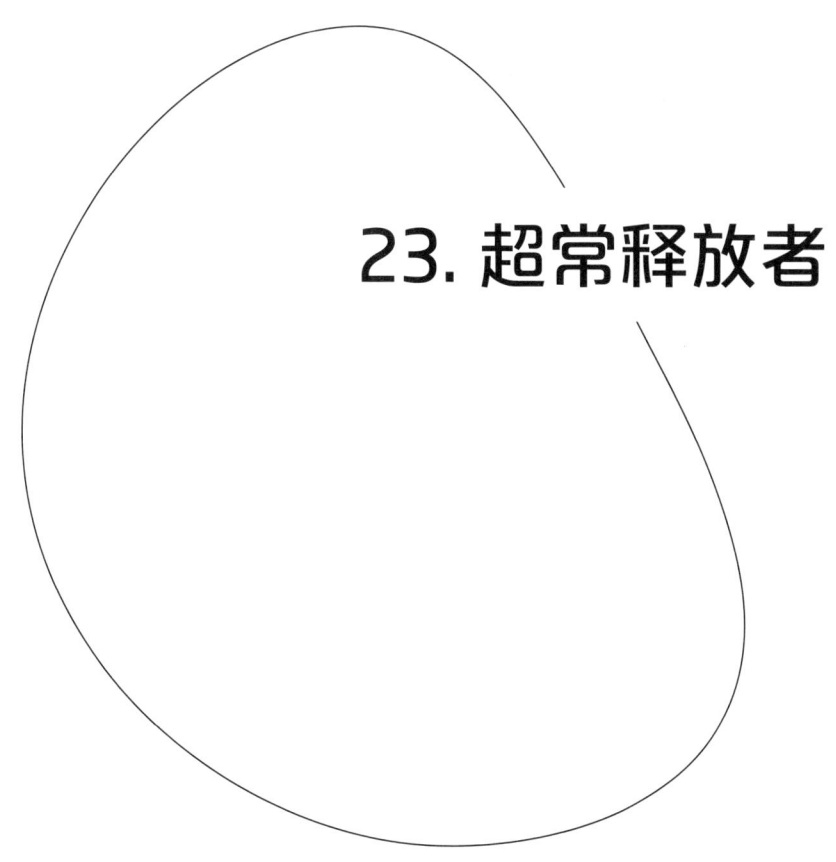

误解 | 嫁给八旬亿万富翁的女人都是拜金女。

真相 | 有钱的老爹都是超常释放者。

任何直接影响你生存的东西，如果被过分夸大，都可能成为超常刺激。鸟类会被其他寄生鸟类的蛋弄糊涂，认为这些蛋是自己的，而这些寄生鸟类会劫持它们的巢穴。这些蛋看起来和它们的蛋很像，但要大得多，所以即使它们属于另一个物种，它们也会坐在上面孵蛋。有些兰花有很强的气味，非常像雌蜂或蜂后的气味，雄蜂便会跟这些花进行交配，在这个过程中会被花粉覆盖。回想当年人类祖先生活在高热量食物匮乏的野外时，他们产生了一种强烈的欲望，当他们幸运地找到了动物脂肪时，他们就会尽可能多地狼吞虎咽。如今，你也不能放弃吃薯条和芝士汉堡。

如果你把某件事与生存联系在一起，但是找到一件比你的祖先曾经梦想过的任何事情都要完美的事例——它将会过度刺激你。

在选择配偶方面，雌性和雄性通常分为两个阵营。雌性阵营必须生育后代，而且生育的次数要少一些；雄性阵营则可以在没有很大风险的情况下多次繁殖。在这种情况下，超常释放者要么夸大了卵子携带者的生育能力和健康状况，要么夸大了精子携带者的地位和掌握的资源。

对于人类女性来说，一个在意大利拥有一架私人飞机和三套房子的男人穿着燕尾服，会创造出一套强大的超常释放器。大多数女人不会和一个长得像地穴看守人的男人交往，但如果他拥有一个出版公司或者拥有相当于一个欧洲国家国内生产总值的财富时，一些女人就愿意嫁给他。对于男性来说，匀称的身材、丰满的胸部、宽阔的臀部、细腰、有光泽的头发和性感的嘴唇是一种强大的"超常释放者"。

美国心理学家大卫·巴斯（David Buss）在其职业生涯中一直致力于男性和女性在选择伴侣时的偏好研究，这包括短期恋情和长期恋情。在他的《欲望的进化》一书中，他指出了一个至关重要的因素——腰臀比。当男人对生理吸引做出快速判断时,这一因素似乎比其他任何因素都更为重要。在世界各地的许多研究中,无论其文化赋予体型何种定义,0.70的腰与臀宽的比例都是首选。根据巴斯的研究,在0.67到0.80之间的腰臀比与健康、生殖力等因素有关。拥有这一比例的女性确实更健康,这是男性下意识知道的信息。心理学家德文德拉·辛格(Devendra Singh)在1993年对《花花公子》杂志插页的研究表明,尽管这些年来这份杂志中刊登的女性变得越来越瘦,但她们的平均腰臀比保持不变,基本维持在0.70。

男人偏爱细腰宽臀的这种自然倾向的奇怪之处在于,具有生理上不可能实现的特征的超刺激会产生更大的吸引力。心理学家克里·约翰逊(Kerri Johnson)在2005年对腰臀比例的研究显示,男性和女性都用这个指标来判断人体轮廓的性别。她使用的眼球追踪电脑程序清楚地显示,男性和女性都是先看脸,然后在臀部周围移动,以搜寻能够透露出性别特征的信息。她的研究还表明,当男性被要求对魅力等级进行评价时,他们都会认为0.70的腰臀比非常有魅力。但他们更会被0.60、0.50甚至更小的腰臀比的细腰所吸引。女人若是有这么细的腰,是不可能生孩子的。所以,超常刺激物并没有告诉男性拥有这样体型的女性可能没有生育能力,也可能身体不健康,这只是认知的一个捷径,而不是一个启发。男性的大脑告诉他们,细腰宽臀是好的。在现实中,由于腰围如此之小,女性根本不可能生育孩子,因此,这种启发式的方法本身没有提供矫正因素,使得人们不被超级纤细的腰围所吸引。

约翰逊还让男性和女性在跑步机上跑步。告诉一半的受试者,她正在测量他们的跑步效率;告诉另一半受试者,她在衡量他们的性吸引力。当女性受试者被告知在检测自己的性感程度时,这些女性不自觉地左右摆动臀部,在观察者看来,她们的腰臀比神奇地降低了。这就是超常刺激如何让你感到无比困惑的地方。你的思维天生不会去处理被夸大的事情。芭比娃娃、动漫人物和象征生育能力的古代雕像,这些都是现实生活中不可能存在的女性形象,但男女双方都无意识地懂得"腰臀比"的魔力。

男性很容易被操纵，因为他们判断潜在伴侣的标准更少一些。因此，广告一直在利用男性的这种倾向。女人购买产品，企图将自己打造成为无法企及的目标。

对于女性来说，超常刺激不只是要有摇摆的身体和良好的腰臀比例。当女性做出错误的择偶决定时，她们的损失会更大，因此她们形成了一套更复杂、更具体的衡量标准，用来评判潜在的伴侣。大卫·巴斯说，这些因素包括经济能力、社会地位、抱负、可靠、智力、责任感和身高等，但绝不限于以上这些因素。这些关于短期或长期伴侣的因素都预示着能够繁殖成功，所以都可以成为女性的"超常刺激"。但是，男性要想成为"超常释放者"，就必须具备某些长处。一个个子高、收入高、善良且忠诚的医生，会比一个还跟父母住在一起，易怒的矮个子服务员更具有吸引力，不管他们的胸膛多么壮实。

不要认为你自己可以超脱这个话题中所提及的内容。即使你不按你的冲动行事，你仍然能感觉到它们。最终，你会被某样东西所征服，例如你会选择一块里面夹着两片炸鸡的三明治，而不是纯面包。美国罗格斯大学（Rutgers University）2003年的一项研究显示，大多数美国人认为相当一部分食物的平均尺寸在20年内有了显著增加。现在的一杯橙汁比之前大了40%。现在的一碗玉米片要比之前加量了20%。餐馆里盘子的大小也比之前增加了25%。超常刺激的影响已经改变了人们认为是慷慨帮助的东西，但直到最近才有人注意到。

记住，只要有可能，你就会走捷径来判断什么事情是最棒的。当一种刺激由正常变成超常后，并不意味着它真的比正常的版本更好。如果正常的版本是必须被创造出来的，必须被捏造成某种虚幻的东西，你就很有可能不得不与你的天生倾向做斗争，才不会被"超常刺激"所征服。

24. 情感启发

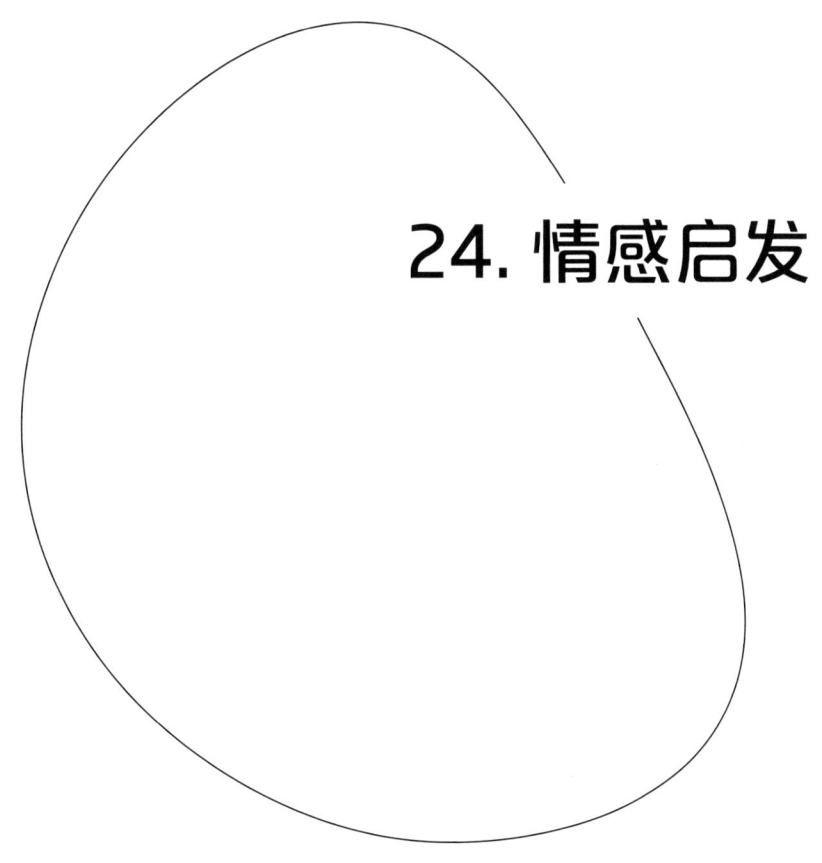

误解 你在计算风险与收益时,总是选择最大化的收益和最小化的损失。

真相 你依赖于情感判断某件事是好是坏,大大高估回报,并倾向于坚持你的第一印象。

24. 情感启发

假设我给你一个机会，只要你从碗里挑出红色的软糖豆，很快就能赚到钱。

我给你两种选择，一种是一个大碗，里面装着几百颗红色软糖，还有几百颗其他颜色的软糖；另一种是一个小碗，里面装有50颗各种颜色的软糖，其中红色软糖的比例要大于那个大碗中红色软糖的比例。这两个碗上甚至还标出了你获胜的概率。大碗的成功率是7%，小碗的成功率是10%。你每拿出一颗红色软糖，我就给你1美元。你会选择哪个碗？

1994年，维罗妮卡·安妮斯–拉吉（Veronika Denes-Raj）和西摩尔·爱泼斯坦（Seymour Epstein）做了这项实验，并在《人格与社会心理学学刊》（*Journal of Personality and Social Psychology*）上发表了这项研究结果：他们发现人们倾向于选择大碗而不是小碗，即使小碗中红色软糖的比例更高。当被问及原因时，他们说他们只是觉得选择大碗的机会更多，因为大碗里有更多的红色糖豆，尽管他们知道实际的胜算概率对他们的选择不利。

为满足你内心深处的直觉情感，做出错误的决定的倾向，被称为"情感启发"。它常常出现在你和你的最佳利益选择之间，当你对一些新事物做出快速的判断时，它就开始运作了。

当你第一次遇到一个人的时候，你的大脑中的化学和电子管道里会迸发出数十亿种的微想法。在你意识到之前，你就开始对他们的性格做出判断。你可能会注意到与他们握手时非常有力，他们的姿势敏捷坚定，他们的微笑完美而温暖。你把所有这些特征乘以他们的穿着，除以他们的气味，然后将他们的年龄作为一个因数，代入到一个巨大的等式中。等式的答案就是你潜意识里对对方形成的第一印象：这个人是个好人，让我们进一步了解他（她）吧。

如果你遇到的那个人，不断地发表各种种族主义言论，手腕上刺有纳粹标志，浑身上下散发着蘑菇肉汁的气味，你会怎么想？在你把情感转化为思想之前，你就已经拉大了你跟对方的臭味之间的距离。

常识告诉我们，第一印象会随着你对某人的了解而逐渐淡化，但是第一印象比你想象的更为重要。研究表明，你对一个人或其他任何事物的第一印象往往挥之不去。1997年，维吉尔曼（Wilkielman）、扎约克（Zajonc）和施瓦茨（Shwartz）开展了一项研究，他们让受试者对微笑和皱眉的照片产生第一印象。当受试者观看屏幕上闪现的照片，要么是快乐的脸，要么是悲伤的脸，然后向他们展示一个他们不熟悉的汉字，并让他们说出他们是否喜欢那些汉字。受试者们倾向于说他们更喜欢出现在微笑照片之后的汉字，不喜欢出现在皱眉照片之后的汉字。但是，后来让受试者看相同的汉字，但更换了向他们展示的表情照片，他们没有改变他们的答案。他们的第一印象还在。

你把你对生活中每件事的最初判断归结为"这是一件好事儿"或者"这是一件坏事儿"，然后把提出反面证据的重担交给未来的体验上。你可能很早就喜欢一个人，但随着时间的推移，你会发现他有严重的缺点。你会等着你对他的第一印象被慢慢凿掉，而不是改变你对这个人性格的看法。也许他们穿着得体，给人一种讲究卫生的印象，但是他们却很容易动情，对每一个与他们相处超过四分钟的异性都动心不已。也许他们打孩子，但每个周末却去养老院教老年人如何使用电脑。你需要多少证据才能让一个新认识的人从你认为的某一个类别转到另一个类别？

"情感启发"是一种有助于你快速得出关于新信息的结论的方法。你用它把数据分成两大类——一类是好的，一类是坏的——然后你选择回避或找出让你做出判断的事物。"情感启发"是广告界和政界中认知偏见的圣杯。当你能将你的产品或候选人与正面积极的事物联系起来，或将你的竞争对手或政敌与负面消极的事物联系起来，你就赢了。如果你建立起了足够的关联，你的产品就会与其所处的类别同名。面巾纸变成了"克里奈克斯"（Kleenex），止痛药变成了"阿司匹林"（Aspirin），绷带变成了"邦迪"（Band-Aids）。

心理学家对快速决策的效度和信度存在争议，但毫无疑问，它们对你是谁以及你如何理解自己的感觉起着很大的作用。当第一印象挥之不去并影响你对第二、第三和第四印象的感受时，你就被"情感启发"蛊惑了。

意识的许多机能发生在无意识的走廊里，这些沉思是无意识与有意识之间相互沟通的部分。心理学家有时把大脑分成几个部分，这些部分与大脑的进化功能相对应。这是一种过于简化的方法，但是对于了解大脑进化的不同阶段是非常有效的，人类思维的进化起始于昆虫和鱼类的简单版本。你若像考古挖掘那样来观察大脑的各个层次，发现最古老的手工制品位于近期出现的制品之下，这将有助于你理解大脑思维的形成过程。最古老的部分主要位于后脑。在众多的结构中，这些后脑结构与你的生存息息相关，并帮助你调节所有那些你不需要考虑的事情，例如呼吸和单脚平衡等活动。中脑结构是由你的灵长类祖先塑造的，赋予你情感和社会意识。最上面的一层是最近演化出来的，它负责推理和计算。大脑额叶和新皮层充当大脑的执行办公室，从所有其他结构中获取建议并制定出行动计划。

你的理性的、精确的、合理的、有条理的思维是沉重而缓慢的。它需要做记录并且要借助于工具。你的非理性的、情绪化的、本能的思维则像闪电一样快。当你决定自己给汽车换油，或安装一台新的洗碗机时，你依赖的是操作、指令和步骤，而不是情绪。当你决定去哪里吃午餐或租看哪部电影时，你依赖的是无法用方程描述的快速判断和感觉。有意识的思维仍然在做出选择，但是无意识的思维正在提供感觉和影响。你生活中的很多事情都是由情感大脑来思考的，这意味着在社交场合和生死攸关的事情上，你的想法和行为都是由自动的和无意识的触发点来激发的，这些暗示来自一个阴暗的地方，很难接近，也无法做出解释。市面上关于这个主题的书籍有很多，但是为了我们的讨论能够继续开展下去，你只要记住一点即可：你的情感对你大脑的决策区域有着非常强大的影响。你可以把大脑分为自动的、情感的和理性的思维区域。我们可以将这些区域归结为两个方面："有意识的你"和"无意识的你"。

"无意识的你"和老鼠有很多相似之处。老鼠每天要吃掉相当于其体重15%的食物。一个180磅重的人需要每小时吃下至少一磅的食物，以维持旺盛的新陈代谢速度。老鼠这种小而疯狂的生物生性好奇而谨慎，就像任何野生动物一样，老鼠的大部分行为都建立在风险和回报之间的拉锯战上。因为它需要一直吃东西，所以它经常面临这样的境况：它必须权衡觅食的危险和对卡路里的渴望。老鼠具有一个原始的大脑，所以它还不能把它的选择建立在理性思考的基础上，也不能建立在仔细分析经济利益和系统损失的基础之上。它用啮齿类动物的直觉来感知生活。当它面对一个新情况时，它决定是否继续采取行动，但不使用类似于你使用的那种逻辑。否则，捕鼠器就没用了。追溯到足够遥远的地方，你和老鼠有一个共同的祖先。那些识别风险和回报的无意识的能力进化成了你和老鼠至今还在使用的那个版本。识别到风险并不是凭借想象出的电子表格数据和幻灯片来做出判断。虽然蓝图和图表需要仔细规划，但识别风险来自直觉判断，或者更准确地说，它来自你大脑中能够生成情绪的结构。对于形式是好是坏的简单判断，使得你的祖先们成功逃过了捕食者之口，躲开了长矛的袭击；不过，当问题过于复杂时——例如在一个捕鼠器与一只觅食的老鼠的情况下——你真的会把事情搞砸。

当一条蛇在你脚下爬行，食物生长在灌木丛中，你的注意力就会集中在触手可及的地方。当你的大脑进化到能够应对类似的情况时，比如徒步旅行或打猎时在森林里迷了路等，你规避冒险的本能会很好地为你服务。在任何情况下，你唯一关心的是眼前的风险和回报，通过基因遗传下来的软件可以让你走得很远。快进到当今这种情形，现在你古老的头脑必须处理一个几乎无法触及的世界。贷款、退休计划、心脏病和总统选举等，远没有你肚子咕咕叫的声音和那些在夜里偷偷摸摸的生物那么真切。当处理具体情况时，你的那些风险规避系统是非常有效的，但是当处理抽象问题的时候，你的那些系统就表现得非常糟糕了。

1997年，美国南加州大学神经心理学教授安托万·毕查拉（Antoine Becharo）和汉娜·德玛西奥（Hanna Demasio）在《科学》杂志上发表了一项研究成果，该研究经常被作为"无意识的你"的绝佳证明来加以引用。他们提出一个假设，假设你的推理是按照一个无意识偏见的步骤进行的，它使用的是神经系统，而不是证实陈述性知识的神经系统。换句话说，你在意识到问题之前就已经将其解决了。

在这项研究中，受试者在玩一种纸牌游戏，但是不知道游戏规则是什么。他们只知道赢了会赚钱，输了会赔钱。做游戏的时候，他们每次从四沓不同的牌中抽出一张牌，直到心理学家宣布游戏结束为止。前两沓牌的收益非常丰厚，当然输掉钱的金额也会很大。后两沓钱的收益很少，但输掉钱的金额也会相对较小。随着时间的推移，玩游戏的人会逐渐放弃选择高回报但高风险的牌，而去选择低收益、低风险的牌。模式识别的能力使他们在不知道自己在做什么的情况下做出最佳选择。尽管这个结果很有趣，但这项研究比这做得更深入。心理学家将受试者与测试皮肤湿度的传感器连接起来，因为皮肤是由交感神经系统自动和无意识控制的人体的一个部分。当人们选择那些高风险的牌时，皮肤的湿度水平不断攀升，直到他们不再选择高风险的牌为止。潜意识会注意到风险，并早在决策意识能够转化为行动之前，就告诉了参与游戏的人应该怎么做。在随后的调查中，约有三分之一的被调查者无法解释为什么他们坚持选择风险较小的那两沓牌。

关于风险和回报的决定始于"无意识的你"。"无意识的你"注意到事情的好与坏、危险与安全，这些都是"有意识的你"将这些感觉转化成语言表达出来的。好事能够让你受益，坏事会让你受损。当你断定某样东西是好事时，你会说它值得冒这个风险去得到它。如果你的公寓里有一条毒蛇，你能做到整夜安眠吗？你在睡梦中被咬的风险远远大于睡在自己的床上的回报，所以你大概会选择不去冒这个险。你会飞到拉斯维加斯度假吗？在飞机失事中丧生的风险不敌观看佩恩与特勒的表演，进行赌博带来的收益，所以你买了一张机票，起身去了那个乱哄哄的城市。

这些计算不是在头脑中的黑板上完成的，它们来自与直觉的协商，情感的触动就像是一座冰山从漆黑的潜意识大海深处缓缓升起。你以及所有的物种，都是凭借内心感觉来做出决定的，而不是经过深思熟虑的，所以这些心理诡计的影响是巨大的。

1982年，一位被神经系统科学家称为埃利奥特（Elliot）的患者，在他的眼窝前额皮层发现了一个脑瘤。尽管这颗肿瘤毁了他的生活，但它给科学提供了一个前所未有的视角，让人们认识到情感对决策是多么重要。在患肿瘤之前，埃利奥特是一个成功的会计师，有房子，有妻子，在银行也有存款。在长了肿瘤之后，他变得无法迅速做出决定，相反，连在早上穿哪件衬衫这样简单的事情之间做出选择时，他也会变得不知所措。肿瘤切除后，他的情感大脑无法与理性大脑沟通。当研究人员将他与前文提到的卡牌游戏研究中使用的皮肤湿度传感器连接起来时，他并没有对残破的肢体或其他图像表现出任何情感反应。这些图像对他来说既不好也不坏。他变成了一个纯粹理性思考的人，看到每一点信息都以冰冷的逻辑传入到他的大脑中。埃利奥特无法再做出简单的选择，因为他没有感情。如果让他从菜单上挑点东西吃，他会没完没了地研究所有的变量，就好像在他面前展开的是宇宙的秘密。质地、尺寸、形状、热量、味道、饮食历史、价格——所有这些变量以及成百上千的其他变量都会被细分成更多的变量，然后在无穷无尽的计算循环中相互权衡。缺乏了情感，做出任何一个选择都将变得非常困难。他变成了一个没有恨、没有爱、没有渴望的机器人。他最终离婚了，失去了工作、金钱、房子以及他以前生活中的一切，除了父母对他的爱，他的父母依然接纳他。

因此，"情感启发"通常是一件好事。你需要依靠它去发现危险，在音乐会结束后挑选个吃饭的地方。当你必须评估较大的数字或百分比时，当你必须查看事物之间的联系，理解抽象概念时，问题就出现了。这就是为什么钟情于展示图表和示意图的政客们往往会失败，而那些使用趣闻逸事的政客们往往会成功。故事在情感层面上是有意义的，所以任何让人联想到恐惧、同情或骄傲的东西都会胜过令人困惑的数据。它导致你为你的房子购买安全保障，却忽略了购买氡探测器。它让你随身携带胡椒喷雾，但却让你随心所欲吃墨西哥卷饼，最终导致动脉堵塞。它使得学校安装了金属探测器，却任你在菜单上选择炸薯条。它造就了秉承素食主义的吸烟者。众所周知，原始的危险很容易看到，也很容易防范，即使更大的危险正在迫近，也会如此。"情感启发"激发的是你对风险和回报的基本感知，却忽视了需要研究和更深入理解的复杂系统的更大的危险。

2000年，梅丽莎·福尼卡恩（Melissa L. Funicane）、阿里·阿哈卡米（Ali Alhakami）、保罗·斯洛维克（Paul Slovic）和斯蒂芬·约翰逊（Stephen M. Johnson）让受试者评估了天然气、食品防腐剂和核电站的风险和益处，并进行打分，分数范围为1到10。研究对象被分成几组，其中一些人只阅读风险信息，而另一些人阅读益处信息，然后每个人都必须拿出修订后的评级。正如你所预料的那样，读到益处信息的人后来认为这些技术对社会的益处比他们一开始认为的还要大。奇怪的事情是什么呢？他们都降低了这些事物的风险等级。风险和益处之间的差距被拉大了。另一组人的情况也是如此，他们在修订时，提高了对这些事物的风险等级，降低了它们的收益等级。如果限定他们的答题时间，他们更有可能扩大风险与收益之间的差距。从逻辑上讲，风险和收益是两码事，必须分开判断，但是你却不会从逻辑上对两者进行判断。你认为某件事对你越有利，它的总体风险就越小。当你认为某种事物整体是好的时候，它的坏的品质会逐渐淡化。当你认为某事有风险时，你就更难注意到它的好处。面对熟悉的东西时，或者面对诉诸原始大脑的事物时，"情感启发"的作用就会更强。

直觉告诉你是或不是、好或坏的感觉在很大程度上受到"情感启发"的影响。当你注意到令人恐惧的语言和意象来自任何有目的的来源时，你都应该体会到这种影响。记住，当某人明显在夸大问题的积极面或开始使用委婉语时，你往往会急于做出判断，并坚持第一印象。你总是在寻找风险和回报，但当你想要相信某件事是好的时候，你会不自觉地降低对其坏的品质的评价，反之亦然。任何熟悉的危险都会掩盖新的威胁，第一印象是非常难以改变的。

25. 邓巴数字

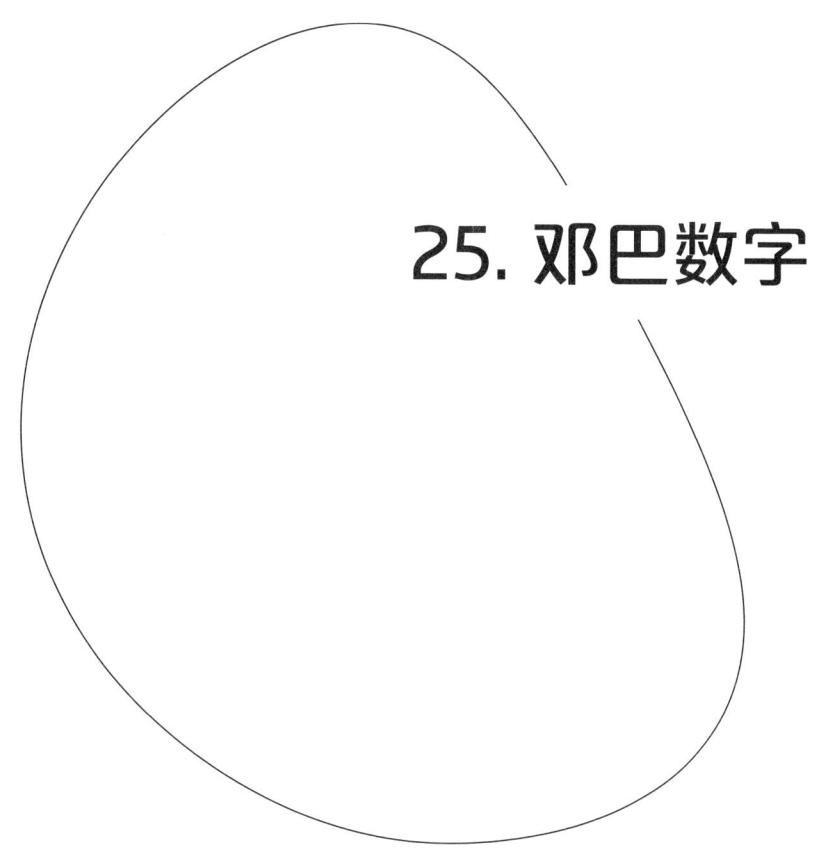

误解 | 在你的脑海里有一个名片夹,上面标有你认识的每个人的名字和面孔。

真相 | 你一次只能和大约150个人保持联系。

想象一个装满水的杯子。你尝试着往杯子里倒一滴水，它就会溢出一滴水。你试着把一杯水倒进去，结果会有一杯水洒了出来。这被称为"零和系统"。要想增加任何东西，你必须去掉同量的比例。

在你的脑海中，你用来记录朋友、敌人和潜在伴侣的姓名、面孔和各种关系的储存库也是一个零和系统。这样做的原因并不在于你有多少储存信息的空间，而在于你有多少精力去维持自己在社交世界中的位置。

在其他灵长类动物中，维持社会关系的行为是通过清洁身体来进行的——把彼此身上的虫子挑出来。参加《广告狂人》的聚会时，你不必一边看节目一边在朋友的头发上翻来翻去找小虫子。但无论什么原因，聚在一起仍然是一种"梳理"的行为。你通过和他们出去玩，做项目，打电话保持联系。去拜访朋友只是为了和他们一起吹牛皮，这种行为相当于挑出彼此后背上的小虫子。随着科技的发展，你和所喜欢的人之间的距离越来越远，但你仍然可以和他们保持联系，你的"梳理"的行为也会保持不变。事实上，你与生俱来的大部分合群行为都是通过适应这个时代的规范来实现的。在现代生活中，人与人之间的关系不再被地理上的距离而隔离。你可以和任何一个活着的人建立联系，然后经过六度分离的游戏去接触其他人。现代人是紧密相连的。

但你无法跟以上所有人都以真正的社会交往方式来保持联系——你其实没有那么聪明。事实是，你只能与大约150人建立并保持社会关系。更具体地说，是在150人到230人之间。大城市里到处都是人，互联网社交网络上成百上千的人在分享状态更新，公司在世界各地都有分支机构——你的大脑无法处理这些实例中的大量的人际联系。所有这些个性和怪癖，你与每个人交往的历史，都变成了一个巨大的社会信息档案，需要不断加以维护。心理学告诉我们，大脑不像硬盘，所以过多的人际关系并不是一个空间问题。与之更为相关的是你人际关系的心理容量限度。

这是为什么呢？

灵长类动物的大脑新皮层是大脑中负责与他人保持交际的那一部分。我们不能确定是什么力量决定了这部分大脑的大小，但对于每一种灵长类动物来说，大脑皮质的大小与平均社会群体的大小相关。类人猿生活在小群体中，人类生活在大群体中。最早提出"邓巴数字"这一概念的人类学家罗宾·邓巴（Robin Dunbar）指出，平均群体的规模与成员之间相互交际的效率直接相关。邓巴说，交际效率取决于灵长类动物的新皮层的大小。邓巴认为，群体越大，每个成员需要花费越多的时间来维持社会凝聚力。每个人都要互相"梳理"，然后决定跟谁是朋友，跟谁有过节，跟谁比较地位，比较别人的相对地位。随着每个新成员的加入，复杂性呈指数级增长。如果你认识的人搬走了，你和那个人之间的"梳理"互动变得越来越少，直到你开始一年只和他们联系一次，或者好几年也不联系。一旦朋友不再与你直接接触，你需要付出更多的努力来维持你们的联系。你的大脑被一个世界塑造，在这个世界里，其他的活动会占用你跟其他朋友联系的时间——比如狩猎、采集和建造庇护所等。你所能花费的时间和精力是有限的，这是一个零和系统。

由于效率是群体规模的预测因素，因此，你在语言方面比猿类和猴子更有优势。邓巴说，通过语言进行社交梳理比通过挑虱子和跳蚤进行"梳理"的行为更为有效。你的新大脑皮层预先设定的工作量决定了群体的大小。在一个群体中加入更多成员，会破坏群体的凝聚力。失衡的群体会失败，只有一个平衡的群体才会成功。

这个上限决定了人类历史上的组织方式。

的确，所有研究部落、群居和村落的科学都认为：古代部落的人数通常最多也就150人左右。这是你可以信任和依靠的人的大致上限，你可以招呼来与之交谈的人数。

邓巴说，一旦你交往的人数超过了150个人，这个群体的成员将不得不花费大约42%的时间在维持彼此的关系上。要想把一个群体发展到这种规模，还需要承受来自环境的巨大压力。一旦人们开始想办法维持更大的群体，如军队、城市和国家，人类就开始细分这些较大的群体。"邓巴数字"解释了为什么大的群体是由更小、更容易管理的小群体组成的，比如连、排、班——或者分支、分部、部门和委员会等。没有层级、职级、职位和分工，任何超过150名成员的机构都不能有效地运作。

在野生状态下，要想让一个150人的群体共同合作并追求一个共同的目标，需要做出大量的工作。在现代生活中，实现这一点需要依靠各种社会机构。正如马尔科姆·格拉德威尔（Malcolm Gladwell）在其著作《引爆点》（*The Tipping Point*）一书中所指出的那样，如果一家公司的员工人数超过150人，那么它的生产效率就会大幅下降，直到该公司将其外围实体分成更小的群体。在一个小的群体中，你可以更好地工作——这样一来，小群体中的每个成员都可以彼此联系，并且只有特定的人负责你所在的小群体与其他小群体之间的联络。

"邓巴数字"不是固定不变的。它可以增加或减少，这取决于你所处的环境和所拥有的工具。你的朋友的数量很可能比150人少得多，但当你被激励去联系更多的人，而不是发自你内心地想联系他人时，比如在你的工作单位或者学校中，150人就是你的大脑皮层求援的临界值。借助更好的工具，比如电话、脸书、电子邮件、《魔兽世界》公会等，你在维持人际关系方面的效率稍有提高。因此，你所交往的人数可能会有所增加，但是不会增加太多。邓巴的最新研究表明，脸书上有些社交高手拥有1000个甚至更多的好友，但定期与之互动的联系人也只有150人左右，而在这150人中，与之频繁交流的人不超过20人。

社交网络正在彻底改变机构的运作方式和人们的交流方式，但最终它可能不会对你赖以建立真正友谊的核心社会群体产生太大影响。你可以在脸书、推特等网站上维持大量松散的人际关系，就像在一家大型公司里一样。然而，牢固的关系需要不断的"梳理"活动。任何把自己在脸书平台上的朋友数量作为衡量社会地位的标准的人无疑都是在愚弄自己。你可以与数百名熟人和数千名追随者分享"晕厥的山羊"的视频，但是，你却只能把秘密托付给少数几个你真正信任的朋友。

26. 出售

误解 | 消费主义和资本主义都是由公司和广告支撑的。

真相 | 消费主义和资本主义是由消费者之间的地位竞争驱动的。

披头士、嬉皮士、朋克摇滚歌手、垃圾摇滚乐迷、金属乐迷、哥特装扮的孩子、潮人——你看出这其中的模式了吗？

不管你是喜欢《自由之夏》还是《简和摇滚乐队》，在你年轻时的某个时刻，你开始意识到是谁在控制着你，你开始反叛。你需要实现自我，找到属于你自己的方式，你寻找一些真实的、有意义的东西。你对流行音乐、流行电影和热门电视挥挥手做了告别。你开始寻求更有内涵的东西，并贬低了所有那些盲目迷恋流行文化的人。

然而，你仍然听音乐，买衬衫，看电影。你虽然不赞成某人，但是他们还是吸引着你。如果你认为你可以通过购物来获得个性，那你就没有那么聪明了。

自20世纪40年代以来，资本主义、市场营销与心理学、公共关系相结合，人类在向你提供东西方面开始变得更好、更有效率，无论你的品位如何，都能够找到自己想要购买的东西。

想想那些典型的朋克摇滚歌手，他们挂着链子和带着长钉，穿着花哨的裤子，还穿着皮夹克。是啊，那些服饰都是他买的。有人从他的反叛中赚到了钱。这就是消费者反叛的悖论——一切都是体系的一部分。我们出售因为我们都购买东西。每一个因对主流的反叛而打开的利基市场，都会立即被企业家所占据，他们会想尽办法从那些试图避开大多数人购买的商品的人身上赚钱。

在20世纪90年代末和21世纪初，有许多人试图通过拍摄艺术电影的方式来阻挠这一点——那些影片包括《飞行俱乐部》《美国丽人》《快餐王国》《公司天下》等。这些作品的创作者可能有着最好的意图，但他们的作品仍然成为为利润而设计的产品。他们反对消费主义的呼声被消灭了。

迈克尔·摩尔、诺姆·乔姆斯基、库尔特·科本、安迪·考夫曼——他们当中，有的可能只关心创作艺术，有的可能只注重阐述学术原则，但一旦他们的作品进入市场，就能找到它的受众，而这些受众让他们变得富有。

约瑟夫·希思（Joseph Heath）和安德鲁·波特（Andrew Potter）都是哲学家，他们在2004年就这一现象写了一本书，名为《叛逆的销售》（The Rebel Sell）。在美国，充满了叛逆的消费者是随处可见的。这本书的中心主题是你不能通过叛逆的消费来发泄你对机器的怒火。

以下是大多数反主流文化的常见思维方式：

市场中所有相互关联的机构都需要每个人遵守规则，以便将最多的产品卖给最多的人。媒体通过新闻发布、广告、娱乐等方式，通过改变人们的欲望，使每个人都具有同质性。为了逃避消费主义和从众心理，你必须抛弃主流文化。然后，枷锁就会消失，机器就会停止转动，过滤器就会溶解，你就会看到这个世界的本来面目。生存的虚幻性将会终结，我们最终都将成为真实的人。

正如希思和波特所说，问题在于，这个制度根本不在乎人们是否顺从。事实上，它喜欢多样化，需要像潮人和音乐势利者这样的人，这样体制才能繁荣兴旺。

例如，假设有一个很棒的乐队，除了你和其他寥寥几个人外，没有人知道他们。他们没有唱片合约，也没有出过音乐专辑。他们只是出去演出，但是他们的音乐非常棒。你把他们的情况告诉每个人，因此他们建立起了一个稳定的粉丝基础。他们制作的唱片销量足以让他们辞掉之前的工作。那张专辑给他们带来了更多的演出机会，吸纳了更多的粉丝。很快，他们就有了庞大的粉丝群，签了唱片合约，上了电台广播，参加了《今夜秀》（Tonight Show）。现在已经"出售"了。所以你开始讨厌他们。你放弃了追寻这个乐队，去寻找更真实可信的乐队，然后一切又重新开始。这就像一台抽水泵，使艺术家从底层上升到主流文化中。它从不停止，随着时间的推移，它运作得越来越快，越来越有效率。

默默无闻的乐队是一种特殊的商品。住在城里不知名的阁楼里，身着旧货店里淘来的廉价衣服，看着没人听说过的独立制片电影——这些都标志着一种特殊的社会地位，不像向主流社会提供的东西那么容易买到。

20世纪60年代，人们要花费几个月的时间才会发现，他们可以把扎染衬衫和喇叭裤卖给任何想反叛主流文化的人。90年代，向美国南方腹地的人们销售法兰绒衬衫和马丁靴也要花费几周的时间。现如今，人们被公司雇用去酒吧和俱乐部，预测反主流文化的人消费什么，然后，在那些东西开始变得流行时，把他们放在商场的货架上出售。

反主流文化、热衷独立制作电影的粉丝，以及地下明星——他们是资本主义背后的驱动力。他们就是引擎。

这让我们明白了一点——消费者之间的竞争是资本主义发展的涡轮机。

每个生活在贫困线以上但不是很富裕的人都别无选择，只能做一些能让他们生存下去的事情。例如，作为一名电话销售员，你可以获得食物、衣服和住所，但你不能直接负责创造、种植或杀死那些你需要维持生计的东西。你用代币来交换这些东西。因此，你有很多空闲时间和一些剩余的代币。

在大规模生产出现之前，人类通常被他们的工作和产出所界定。人类拥有的东西，通常情况下，要么是他们手工制作的，要么是其他人手工制作的。一个人拥有的、使用的和生活的每一种事物都至关重要，都是灵魂的灌注。

今天，每个人都是消费者，必须和其他人一样挑选商品。正因如此，现在人们根据他们的品位有多好、有多聪明、有多晦涩、有多讽刺来定义他们自己的个性。

正如《白人喜欢的东西》（*Stuff White People Like*）一书的作者克里斯蒂安·兰德（Christian Lander）在接受美国国家公共电台（NPR）采访时所指出的那样，你通过超过同龄人来与他们竞争。你通过对电影和音乐有更好的品味，通过拥有更多真正的家具和衣服来获得地位。你所拥有的每一件物品或知识产权都有1亿种不同的版本，所以你可以通过你的消费方式来展现你独特的个性。

对电影、音乐或衣服有不同意见，或拥有聪明的或拙眼的财产是中产阶级为地位而斗争的方式。他们不可能比对方消费得多，因为他们负担不起，但他们可以比对方更有品位。

因为所有的东西都是批量生产的，而且通常是面向大众出售的，所以找到并消费那些能吸引你对真实性的渴望的东西，是推动这些物品、艺术家、服务和商品从底层到顶层的动力——只有在顶层，它们才能被大量消费。

因此，潮人是这种独立的、真实的、模糊的、讽刺的、高明的消费主义循环的直接结果。这本身就具有讽刺意味，但它不像卡车司机的帽子或蓝带啤酒。具有讽刺意味的是，试图与文化背道而驰的行为恰恰会创造下一波文化浪潮，而反对主流文化的人们反过来又会试图与之抗衡。

我认为"售出"是那些在出售时没有任何东西可买的人喊出来的字眼。

——美国单人脱口秀喜剧演员、电影演员

巴顿·奥斯瓦特

如果等待的时间足够长，曾经的主流将会慢慢消失。当这种情况发生时，它将再次对那些寻找真实性、反讽的或高明的物品的人来说变得有价值。因此，价值不是内在的。事物本身的价值并不像它如何获得的方式那么有价值，也不像为什么被拥有的感知那么有价值。一旦有足够多的人加入，比如戴着超大镜框或手镯的人，通过拥有某件物品或成为某个乐队的粉丝而获得的身份地位就会消失，于是，新一轮的搜索工作就会重新开始了。

无论社会是如何构建的，你都会这样竞争。地位的竞争是建立在生物层面的人类经验中。穷人竞争资源。中产阶级竞争精品。富人竞争财产。

你早就以某种方式"出售"了。至于你出售给谁，赚多少钱，这些只是细节而已。

27. 自利性偏差

误解 | 你根据过去的成功和失败来评价自己。

真相 | 你为自己的失败找借口,认为自己比实际更成功、更聪明、更有才能。

27. 自利性偏差

在心理学研究的早期，科学家们存在一种普遍的信念。他们认为，几乎每个人对自己的评价都偏低，都有自卑情结和自我厌恶的神经官能症。那些古老的信念仍在公众意识中回荡，但它们全都错了。过去50年的研究表明，事实恰恰相反。日复一日，你觉得自己很了不起，或者至少比自己实际更了不起。

这是件好事儿。自尊大多是自我欺骗，但它是有目的的。为了避免停滞不前，你在生理上被驱使着要高度评价自己。如果你停下来，真正地审视自己的错误和失败，你会因恐惧和怀疑而变得麻木不仁。尽管如此，在你的生活中，你的个人宣传机器还是会时不时地停下来。你会变得沮丧和焦虑。你会质疑自己以及自己的能力。通常，当你的心理免疫系统与消极态度作斗争时，那些消极情绪就会消失掉。在一些地方，比如现在的美国，这种自欺的炒作机器被一种例外主义文化所强化。

这种认为自己高于平均水平的倾向也是一件坏事儿。如果你从来没有看到你的生活有多糟糕，从不知道你是如何误解了你的朋友，始终是一个彻头彻尾的混球，你就有可能在没有意识到事情已经变得有多糟糕的情况下摧毁你自己。

在20世纪90年代，有很多研究旨在发现人们在面对失败和成功时是如何被欺骗的。这些研究的结果表明，当你成功时，你倾向于接受赞扬；但当你失败时，你会责怪坏运气、不公平的规则、难以相处的指挥者、糟糕的老板、骗子等。当你做得很好的时候，你认为这些都归功于你自己；当你做得不好的时候，你认为世界是罪魁祸首。这种行为可以在棋盘游戏、参议院竞选、小组项目和期末考试中观察到。当事情按照你的意愿发展时，你把一切都归功于你惊人的技能，但一旦潮流逆转，你就会寻找外部因素，说它们阻碍了你的才能大放异彩。随着你的年龄的增长，这种情况表现得更为突出了。你年轻时做过的所有蠢事，所有那些糟糕的决定，你都认为是以前的那个你所做的。加拿大滑铁卢大学心理学家安妮·威尔逊和迈克尔·罗斯在2001年进行的一项研究表明，你会发现，过去的你是一个愚蠢的笨手笨脚的人，品位很差，把现在的你看作一个"坏蛋"，至少应该得到三倍的赞美。

这种想法也会传播到你与别人比较的方式上。过去30年的研究显示，几乎所有人都认为他们比他们的同事更有能力，比朋友更有道德，比一般公众更友好，比同龄人更聪明，比普通人更有吸引力，比周围的人拥有更少的偏见，比同龄的人看起来年轻，比大多数人司机开车技术都好，比兄弟姐妹更有出息，寿命也比人们的平均寿命长。当你读到这些字的时候，也许你会对自己说："不，我并不认为我比谁都强。"所以，你认为你比一般人对自己更为诚实？你其实没有那么聪明。似乎没有人相信他们是统计学上的"平均值"的那一部分。你不相信自己是个普通人，但你相信其他人都是。这种源于自私偏见的倾向被称为"虚幻的优越感效应"。

和其他人一样，你非常以自我为中心。你眼中的世界天生就是一个主观的世界，所以你的大部分想法和行为都源于对你个人世界的主观分析。影响你日常生活的事情总是比发生在远处或发生在另一个人头脑中的事情更有意义。当涉及判断你的能力或地位时，这种自我中心意识让你很难把自己看成一个代码或者一个平均值。你发现这种普通人的想法令人反感，并寻找各种方式来证明自己的独特之处。1999年，纽约大学斯特恩商学院（New York University Stern School of Business）的贾斯汀·克鲁格（Justin Kruger）证明，当受试者事先被告知某项任务很容易完成时，他们更有可能表现出虚幻的优越感。当受试者事先被引导认为要完成的任务非常简单，事后在他们对自己的能力进行评估时，他们会说自己的表现要比一般人的好。当受试者事先被引导认为要完成的任务十分困难时，事后受试者给自己的能力评分就低于平均水平，尽管事实上并非如此。不管实际的困难有多大，只要提前向人们透露困难有多大，人们就会改变对自己的看法，而人们进行自我评价的参照对象就是平均水平。为了克服这种无能感，你首先要把一项任务想象成简单且容易完成的。如果你能做到这一点，虚幻的优越感就会取而代之。

"自利性偏差"和"虚幻的优越感"并不局限于你对自己表现的评价。你也会用这些心理构念来感知你在人际关系和社交场合中所处的地位。1993年，斯坦福大学（Stanford University）的埃兹拉·扎克曼（Ezra Zuckerman）和约翰·约斯特（John Jost）让芝加哥大学（University of Chicago）的本科生对他们在同龄人中的受欢迎程度进行评估。他们将这些估计数据与其他人的报告进行了比较。他们的研究是基于亚伯拉罕·特塞尔在1988年创立的自我评价维持理论开展的。根据他的研究，相比于陌生人，你更关注朋友的成功和失败。你把自己和身边的人进行比较，以便判断自己的价值。换句话说，你知道贝拉克·奥巴马和约翰尼·德普都非常成功，但你不会把他们作为你自己生活的标准，你会把你的同事、同学或高中就认识的朋友作为你衡量生活的标准。扎克曼和约斯特让学生们列出他们认为是朋友的人数，然后问他们是否认为自己比同龄人拥有更多的朋友。35%的学生说他们的朋友比一般学生多，23%的学生说他们的朋友要比一般人的朋友少。当让受试者与同龄人做比较时，这种好于平均水平的感觉得到了强化——41%的学生说他们要比他们的朋友们拥有的朋友多。只有16%的人说他比他们的朋友们拥有的朋友数量少。一般来说，你认识的每个人都认为他们比你更受欢迎，然而你却认为你自己比他们更受欢迎，更有人缘。

当然，你的一些缺点实在是太明显了，你自己心知肚明，但是你可以通过夸大你引以为傲的优点来弥补那些缺点。当你与别人比较技能、成就和友谊时，你往往会强调有利于你自身的一方面，消除不利于你的一方面。你天生就是个爱撒谎的人，你对自己撒的谎最多。如果你失败了，你就会选择忘记它。如果你成功了，你会选择昭告天下。当你必须诚实地对待你自己以及你所爱的人时，你就没有那么聪明了。但是，当那台"夸大机器"的燃料即将耗尽时，"自利性偏差"就会支撑它继续运转下去。

28. 聚光灯效应

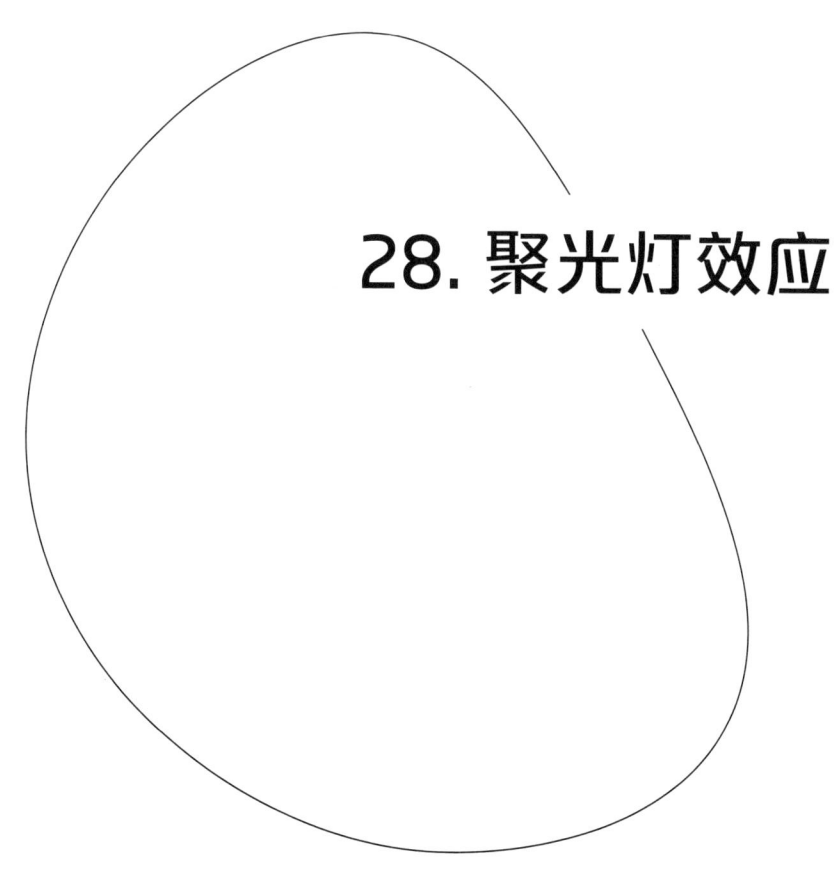

误解 | 当你和别人在一起时,你会觉得每个人都在关注你的外表和行为。

真相 | 人们很少关注你,除非你主动要求被关注。

28. 聚光灯效应

你在聚会上把饮料弄洒了。你的衬衫上沾有一块芥末污渍。在你要做演讲的那天，你的额头磕破了。哦，天哪！人们会怎么想？很有可能，他们什么也不会想。大多数人根本不会注意到，即使他们注意到了，他们可能会在几秒钟内就忽视或忘记你的不完美表现和失礼。

你瘦了一些，买了一条新裤子，昂首阔步地出了门，期待着得到某种认可。也许你刚换了个新发型，或者买了一块新手表。你照镜子的时间比之前多花了15分钟，希望全世界都能注意到你的变化。你花了那么多时间思考自己的身体、思想和行为，于是开始认为其他人也一定注意到了。研究表明：他们不会注意到你，至少不会像你一样那么在意。

当身处一个团体或公共场合时，你认为你的行为的每一个细微差别都会受到其他人的审视。如果你必须站在舞台上或者第一次和某人约会，这种效应更会加强。你会不由自主地成为自己世界的中心，而且你会发现很难衡量别人对你的关注程度，因为你一直都在关注自己。当你开始把自己置身于观众之中时，你就会相信你的每一个小小的失误都会被放大。在跟众人打交道时你并没有那么聪明，因为你太以自我为中心了。幸运的是，其他所有人都是以自我为中心的，他们也同样确信自己正处在众人的关注审视下。

"聚光灯效应"是由康奈尔大学的心理学家托马斯·基洛维奇（Thomas Gilovich）在1996年提出的。他对人们对他们自己的行为和外表被别人的关注度的估计进行了研究。他让大学生们穿上印有巴里·马尼洛笑脸的T恤衫，然后敲开一间教室的门，而其他的受试者学生正在那里填写一份问卷。当你上课或上班迟到，或走进拥挤的剧院或夜总会时，你会觉得所有的目光都在盯着你，对你评头论足。这些学生必须脱下平常的衣服，换上一件印有扎眼的巴里·马尼洛大幅头像的衬衫。因此，基洛维奇假设，当学生们走进教室时，他们会感受到一种特别强烈的"聚光灯效应"。的确，每位受试者都感受到了，接着他们都走到研究人员身边跟他们交谈了一会儿。然后，研究人员拉过一把椅子，让尴尬的受试者坐下，但就在这时，他们被要求起身，去教室外面谈一下自己的感受。研究人员让受试者估计一下有多少人注意到了他们身上的衬衫。穿着这种令人尴尬的衬衫的同学估计房间里有一半的人看到了，并注意到这件衬衫有多么糟糕。当研究人员要求教室里的人描述这个主题时，只有四分之一的同学能够回忆起他们看到了马尼洛。在一个旨在引起注意的场景中，只有四分之一的观察者注意到了奇怪的着装选择，而不是受试者估计的一半。基洛维奇重复了这个实验，但这次让学生们选择了一件印有杰瑞·宋飞、鲍勃·马利或马丁·路德·金的炫酷衬衫。身着这些衣服的受试者认为大概有一半的同学注意到了他们身上的令人敬畏的衬衫。事实上，只有不到10%的人注意到了那件衬衫。这表明"聚光灯效应"对你自己的正面和负面形象都有很强的作用。但现实世界中，当你想要看起来很酷的时候，人们的关注度却远远低于你的想象。基洛维奇在纽约拥挤的街道上重复着他的实验，尽管受试者觉得好像有一盏巨大的聚光灯悬在他们的头顶照耀着他们，其他所有人的眼睛都注视着他们。但是，事实上，大多数人根本没有注意到他们。

"聚光灯效应"让你相信，当你开着一辆昂贵的新车在城里转悠时，每个人都会注意到你。但是他们并没有如此。毕竟，你还记得你上次看到的一辆豪车的主人是谁吗？你还记得你最后一次看到豪车是在什么时候吗？这种感觉也会延伸到其他情况中。例如，如果你在玩摇滚乐队优秀或者正在唱卡拉OK，或做任何你觉得自己的行为受到他人关注和监视的事情，你往往会认为自己的每一次表现都被记录下来并受到评判。实际上并非如此。

你会用自嘲的方式试图减轻外界带来的打击，但其实这并没有什么。2001年，基洛维奇让受试者玩一款竞争性的电子游戏，并评估他们的队友和对于对他们表现的关注程度。他发现，人们花费大量的注意力在自己身上，却几乎不会去注意其他的人。在比赛中，他们觉得其他人都在关注他们在比赛中的表现。

研究表明，人们认为别人会记住他们在谈话中所说的话，但事实并非如此。你以为人们都能够注意到你在演讲时的磕巴，但是他们并没有注意到。除非你向他们过分道歉引起了他们的注意，否则他们不会注意到你在说话时犯的小错。

下次当你额头上长了痘痘，或者买了一双新鞋，或者在推特上说你的一天有多无聊时，别指望别人会关注到你。你并没有你想象的那么聪明，也没有你想象的那么特别。

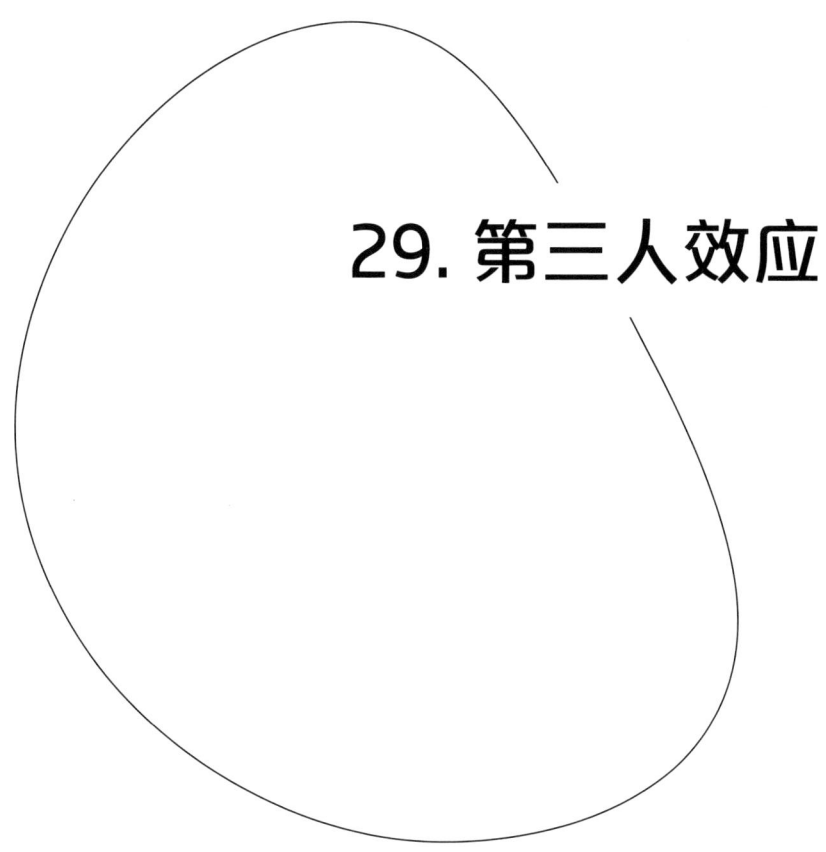

29. 第三人效应

误解 | 你相信你的观点和决定是基于经验和事实做出的，而那些与你意见相左的人是受到了那些被你不信任的人的谎言和宣传所欺骗的。

真相 | 每个人都认为不赞成自己是容易上当受骗的人，而且每个人都认为他们比实际中更不容易被说服。

29. 第三人效应

我一眼就看穿了政客们的谎言。人就是这样容易上当，人们太愚蠢了。人们什么都相信。我更喜欢做领导者，而不是跟随者。

你曾经有过这样的想法吗？知道每个人都这么想会让你大吃一惊吗？

如果每个人都认为自己不容易上当，不会被广告、政治辞令或有魅力的骗子所左右，那么一定有人在自欺欺人。有时侯，这个人就是你。

每天你都会受到数不清的信息轰炸，其中的很多信息都被认为是危险的，因为它们可能会影响其他人，或者动摇其他人，直到他们根据各种各样的信息建议采取行动。这些信息的来源很多，从暴力视频游戏到午夜权威节目不等。在信息的每一个出口都有人会把他们当作是危险信息，不是因为这些信息影响了他们，而是因为它可能影响了一个想象中的第三方的思想和意见。这种不是针对个人影响而是对他人的影响的恐慌感被称为"第三人效应"。

作为一个现代人，你被各种媒体信息狂轰滥炸，但你认为自己会比别人受的影响要小。不知为什么，你认为自己已经打了"预防针"，不会受到那些说长道短的人的蛊惑，所以你没什么可担心的。你不能指望别人和你一样坚强，所以如果你和大多数人一样，就应当制止某些言论。你甚至可能认为有些信息应该被审查——这不是为了你，而是为了他们。

那么，这所谓的"他们"指的是谁呢？"他们"的指代内容随着时代精神的变迁而变化。他们可能是孩子，是中学生，或者是大学生。他们可能是自由派，也可能是保守派。他们还可能是老年人、中产阶级、超级富豪等。无论他们属于哪个群体，只要你属于那个群体，你都会认为他们会被那些你所不赞成的信息所迷惑。

从心理学的早期研究到至今的很多研究已经揭示了许多人类真正受隐性说服影响的方式。正如你在本书中"预置"和"情感启发"两章中所学到的，你看到或听到的任何事情都会在某种程度上影响你日后的行为。你倾向于认为这适用于每个人，除了你自己。

美国克利夫兰州大学公共传播学教授理查德·珀洛夫（Richard M. Perloff）在1993年，布莱恩特·保罗（Bryant Paul）在2000年，都重温了美国社会学家W.菲利普斯·戴维森（W. Phillips Davison）在1983年首次提出"第三人效应"这个术语以来的所有的研究。戴维森注意到，有些人把媒体上的某些信息视为行动的号令，不是因为媒体的言论，而是因为目标受众。他指出，"第三人效应"是宗教领袖对异教宣传的愤怒之源，也是政治统治者出于对异教的恐惧而对某些言论的愤怒之源。此外，戴维森还看到，审查制度的产生是由于人们相信有些信息可能会伤害到更为敏感的心灵。珀洛夫和保罗发现，当你已经对消息来源有负面看法，或者你个人认为你对那些消息不怎么感兴趣时，"第三人效应"就会被放大。总之，他们对那些研究的分析结果都表明：大多数人认为自己和大多数人不一样。

你不愿意相信你可以被说服，而保持这种信念的一种方法是假设所有的满天飞舞的说服之词都会落在除了你之外的其他目标身上。否则，那些说服怎么会成功呢？你认为，那些芝士汉堡的广告是为那些没有自制力的胖子量身定做的，直到你饿了，不得不在各个快餐店之间做出选择。

你以为那些酒精饮料的广告牌是给时髦的人看的，直到你在正式的圣诞派对上有人上前问你要什么酒。你认为，公益广告中关于禁止边开车边使用手机的呼吁是针对那些和你的生活完全不同的人准备的，直到你发现自己在等绿灯的时候拿起电话回复电子邮件，并为此感到一阵羞愧。

当你观看你喜欢的新闻频道或者阅读你自己喜欢的报纸或博客时，你倾向于认为自己是一个独立的思考者。你可能不同意别人在这些问题上的看法，但你认为自己是一个思想开放的人，是一个看到事实，经过理性客观分析后得出结论的人。另外，电视、网络和制作人根据统计数据和收视率来设计节目，通过人口统计分析来消除"第三人效应"。所以，你可以继续相信你自己跟其他人不同，尽管你们观看的是同一类节目。你倾向于认为你与那些和你同住一个城镇、上过同一所学校、在同一家公司工作的人不一样。你认为你是独一无二的。你跟随与众不同的鼓点翩翩起舞。但是你没有意识到，你住在那个城市，上了那所学校，干了那份工作，你其实就是在做这些事情的人中的一分子。如果不是这样的话，你就会选择去做别的事情了。你可能会说，"我必须那么做，因为我别无选择"。但是你忽略了你的同伴中也有许多人在用同样的借口为自己辩解。

"第三人效应"并不局限于广告或政治之中。很多人都读过或听说过这本书中列出的每一个话题，他们认为这些错觉和偏见会一直影响其他人，但不会影响自己。

"第三人效应"是"自利性偏差"的一种表现形式。你为自己的失败寻找借口，认为自己比实际更成功、更聪明、更有技能。对"自利性偏差"的研究表明，研究对象倾向于认为自己比同事更具备技能，比一般人开车技术更佳，比同龄人更有吸引力，比一起长大的人更长寿。因此，很多人会认为他们不像大多数人那么容易上当受骗。但请记住，你不可能在所有类别中都是少数派。

当"第三人效应"让你宽恕审查制度时，你不妨后退一步，想象一下对方所发的信息正在给你洗脑，然后问问自己，那些信息是否也应该受到审查？

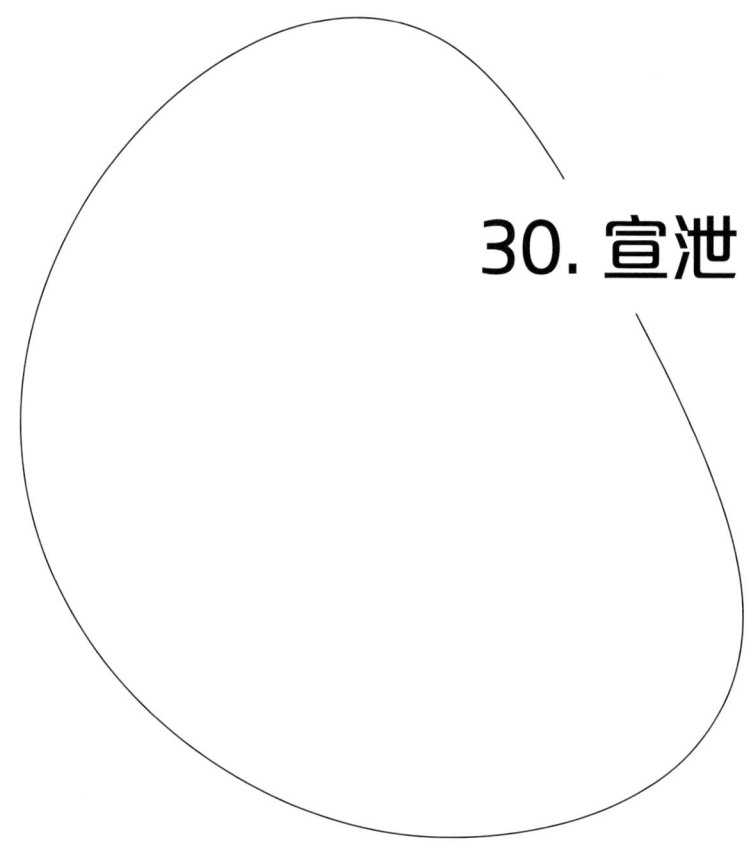

30. 宣泄

误解 | 宣泄你的愤怒是减轻压力,防止抨击朋友和家人的一个有效的方法。

真相 | 随着时间的推移,宣泄会增加行为的攻击性。

30. 宣泄

宣泄出你心中的愤怒吧。

把怒气留在你的心里,它就会像肿瘤一样溃烂、蔓延、不断生长,直到让你在墙上戳出几个洞,或者用力关上车门,把车窗砸得粉碎。

那些负面的想法不应该被压制在你的内心深处,因为在那里它们会凝结和加强,形成负面情绪的集中存储,随时都会达到临界点。

去拿出一个软绵绵的球,死死地抓住其中的一个球吧。用双手抓住它,就像把它想象成生命力掐灭一样。或者去健身房打沙袋吧。或者在电子游戏中射击其他人吧。或者用枕头蒙着头,尖叫吧。

你觉得好受点了吗?你一定会觉得自己舒服了很多。宣泄出怒气的感觉应该很好。

问题是,宣泄怒气几乎没有起到任何作用。事实上,宣泄怒气会使事情变得更糟,并通过让你的头脑发昏,为你未来的行为埋下伏笔。

"宣泄"的概念至少可以追溯到亚里士多德和希腊戏剧。这个词本身来自希腊语Ikathairein,意思是"净化"和"清洁"。释放被压抑的能量或液体,是亚里士多德反驳柏拉图时提出的观点。柏拉图认为诗歌和戏剧使人充满愚蠢,使人失去心理平衡。亚里士多德则看到了诗歌和戏剧的另一种作用,通过观看戏剧中人们在悲剧中的挣扎或取得胜利的喜悦,你作为观众可以间接地释放你的眼泪或感受到睾丸激素的冲动。你通过净化这些情绪来平衡你的心理。这似乎是非常有道理的,这就是为什么在伟大的哲学家出现之前,文化模因就已经嫁接到人类思想中去了。

释放了性紧张的感觉很好。生病时呕吐出来的感觉很好。内急时找到了一间厕所的感觉很好。不管是驱魔药还是泻药,原理都是一样的:把不好的东西清理出来,你就能恢复正常。从希波克拉底(Hippocrates)到西方古代的医学——平衡胆汁质、抑郁质、黏液质和多血质的体液——平衡是医学的基础，而平衡的方式往往意味着排泄某些东西。

让我们快进到西格蒙德·弗洛伊德吧。

在19世纪末20世纪初，弗洛伊德被认为是科学和流行文化的超级巨星，他的著作影响了从政治、广告到商业和艺术的方方面面。19世纪到20世纪的世纪之交，是一个有趣的时期，因为虽然科学家致力于研究思维，但是当时的研究工具还不多。这有点像在望远镜发明之前的天文学家。心理学领域的后起之秀们通过构建关于大脑是如何组织的以及你的想法来自何处的复杂理论而扬名立万。由于思维是完全不可观测的，这些理论家没有足够的数据支撑，所以他们的个人哲学和猜想往往填补了这些空白。多亏了弗洛伊德，"宣泄"理论和心理疗法成为心理学的一部分。他认为，通过治疗师的虹吸管，过滤掉你头脑中的杂质，你就可以实现心理健康。你认为你的灵魂被压抑的恐惧、欲望、未解决的争论和未愈合的伤口所毒害。大脑对这些精神碎片产生了恐惧和迷恋。你必须仔细查找那些地方，打开一些窗户，让一些新鲜空气和阳光进来。

愤怒的水压模型就像它听起来的那样——愤怒在你的头脑中累积，直到你释放出一些愤怒的水蒸气。如果你不把蒸汽放掉，锅炉就会爆炸。这听起来非常合理。你甚至可以回顾一下你自己的人生，回想那些让你发疯、撞墙或摔盘子的时刻，这些宣泄的方式让你觉得舒服了很多。但是你并没有那么聪明。

在20世纪90年代，美国俄亥俄州立大学的心理学家布莱德·布希曼（Brad Bushman）决定研究宣泄是否真的有效。当时，自助书籍风靡一时，当人们面对压力和愤怒时，最普遍的建议是将无生命的物体打得粉碎，并蒙着枕头大声尖叫。布希曼和他之前的许多心理学家一样，认为这可能是糟糕的建议。

在布希曼开展的一项研究中，他将180名学生分成了三组。第一组学生阅读了一篇中性的文章。第二组学生阅读了一篇关于一项虚假研究的文章，文章声称宣泄愤怒是有效的。第三组同学阅读了一项虚假的研究，文章声称宣泄愤怒是无效的。

然后，他让学生们撰写一篇赞成或反对堕胎的文章，他们可能对堕胎非常感兴趣。他告诉学生，他将会把这篇作文交由同学评分，但事实上他没有那么做。当他们拿回作文时，一半的学生被告知他们的论文非常棒。另一半人的作文纸上则潦草地写着：这是我读过的最差的一篇文章。然后，他让受试者选择一项活动，比如玩游戏、观看喜剧、读故事或打沙袋。结果如何？那些读到这篇文章的人说，发泄是有效果的，后来他们生气了，他们比其他组的学生更有可能选择猛击沙袋。在所有的三组受试者中，被表扬的人倾向于选择不具攻击性的活动。

所以，相信宣泄，会让你更有可能去寻找宣泄的方法。布希曼决定更进一步推进研究，让愤怒的人们寻求报复。他想知道宣泄行为是否真的能消除愤怒，是否能将愤怒从心中释放出来。第二项研究和第一项研究基本是一样的，只是这一次受试者拿回作文时，作文上全都写着"这是我读过的最差的作文！"他们被分成了两组，布希曼告诉两组学生，他们将要与给他们的作文打分的人竞争。一组学生首先要去击打沙袋，另一组则需要坐下来等待两分钟。两组分别经过击打沙袋和等待之后，比赛开始了。这个游戏很简单，尽快按下按钮就可以了。如果你输了，你就会被可怕的噪声轰击。你若赢了，你的对手就会遭到噪声轰击。他们可以决定对手必须忍受的音量，设置的范围在0到10之间，10代表的是105分贝。你能预测这项研究结果是什么吗？平均而言，击打过沙袋的那组学生设置的音量高达8.5，等待了两分钟的那组学生设置的音量是2.47。第一组的学生感到愤怒后，用击打沙袋的方式发泄怒气，但是他们的怒气仍然存在。冷静下来的那组学生却失去了报复的欲望。在随后的研究中，研究对象决定对方必须要吃掉多少辣椒酱，击打沙袋的那组学生选择了非常多的辣椒酱，但是冷静下来的那组则没有。当击打沙袋组的同学在接下来做字谜游戏时，他们必须填写出像ch_ _e这样的单词中的字母，他们大多会把这个词填充为"choke"（窒息），而不是"chase"（追赶）。

布希曼花费了很长一段时间开展这项研究，得到的结果始终相同。如果你认为宣泄是好的，你就更有可能在生气的时候寻求宣泄。当你宣泄完情绪后，你会保持愤怒，更有可能继续做一些攻击性的事情，这样你就可以继续宣泄。它就像毒品一样，因为大脑中有化学物质和其他强化行为的成分在发挥作用。如果你习惯了宣泄情绪，你就会变得依赖它。更有效的方法是停下来，把你的愤怒之水从炉子上移开。

布希曼的研究也揭露了一个观点，那就是：可以把你的愤怒转移到运动或类似的事情上。他说，这些活动只会维持你的状态或增加你的愤怒程度，之后你可能会比冷静下来时更有攻击性。不过，冷静下来和完全不理会你的愤怒并不是一回事。布希曼建议你延迟你的反应，放松或转移你的注意力，去做一件与攻击性完全不同的事情。

如果你陷入一场争论，或者有人在路上打断了你，或者听见有人骂你时，发泄愤怒不会驱散负面能量。然而，发泄愤怒会让你感觉很棒。事情就是这样的。宣泄会让你感觉很好，但它只是一个情绪仓鼠转轮。你宣泄之后，愤怒情绪仍然存在，如果宣泄情绪让你感觉良好，你日后还会选择宣泄情绪。

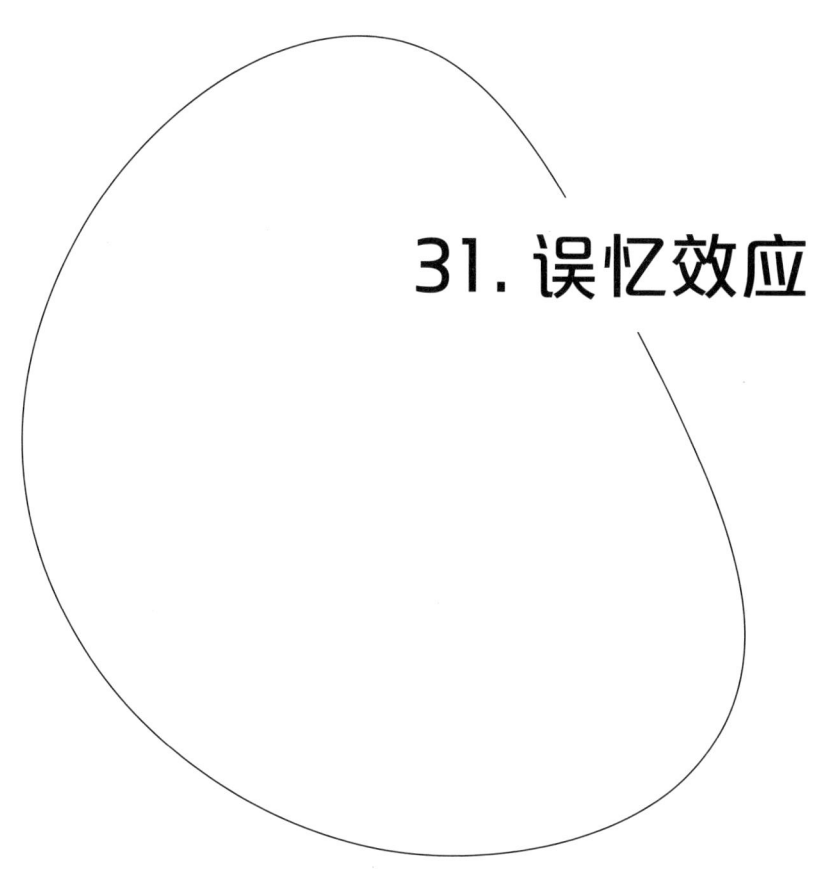

31. 误忆效应

误解 | 记忆就像录像带一样可以回放。

真相 | 记忆每次都基于现有的信息重新构建,这使得记忆极易受到当前信息的渗透影响。

31. 误忆效应

一天晚上，你的朋友给你讲了一个故事，说起当年你们两个人一起观看了《醉汉卢克》，并试着吃尽可能多的煮熟的鸡蛋，但是你吃了5个就不再吃了，并且发誓再也不吃了。你们两个大笑了起来，为你们年轻时干的那些蠢事干杯。就在这时，另一个朋友对你说的话让你吓了一跳："不，那个人是我。你当时都不在场。"

那本描绘你当年行为的漫画一页一页地翻了过去，你的脑子开始迷糊了。你在这本漫画书中搜寻一些可以确认或否认当年行为的场景，但却找不到决定性的证据来证明这两个人的说法。当年到底是谁吃了鸡蛋呢？

情况也许没有那么极端，但偶尔会有人讲的故事与你的记忆相冲突。他们会添加一些细节，而这些细节在你的心理事实核查中找不到答案。就像上面所讲的，当你注意到这种现象时，就成了一个真正令人不安的经历，因为通常你会忘记一点：你的记忆会发生错误构建。不仅你的记忆很容易受到他人的影响而发生改变，你还能消除这些不一致，重新安排时间，创造情景，但很少注意到这个重构的过程，直到你在一段录像中看到了真实的情况或者听到了其他人对该事件的陈述。你往往把你的记忆看成是一部连续的、连贯的影片，但是如果你回想你最近看的那部电影，你又能回忆起多少呢？你能坐下来，闭上眼睛，回忆每一个场景的细节，每一句对白吗？当然不能，那么你凭什么认为你可以记住你的人生电影的全部细节呢？

请拿出一张纸，准备写字。你真的需要这么做，这会非常有趣。

好的。

现在，把下面的词语单大声朗读一遍，然后凭借记忆把这些词语写在纸上，尽可能多地去写，不要回过来查看。当你认为你已经把所有的这些词语都写在纸上时，再回来读这本书。

现在开始：

门、玻璃、窗格、窗帘、壁架、窗台、房子、打开、门帘、门框、门镜、门铃、窗框、屏风、百叶窗

现在，让我们来查看一下这个列表。你表现得怎么样？你把所有的词语都写下来了吗？你把"窗户"这个词写下来了吗？如果这项测试进展得顺利，85%的人会记得在列表中看到过"窗户"这个词，但是在上述的词表中却不包含这个词。如果你把这个词写在了纸上，那完全是出于自己的记忆错误，这就是"误忆效应"。

1974年，华盛顿大学（University of Washington）的伊丽莎白·洛夫特斯（Elizabeth Loftus）进行了一项研究，她让受试者观看车祸的电影。然后，她要求参与者估计汽车行驶的速度，但她把他们分成不同的几组，并向他们每个人提出了不同的问题。如下就是这些问题：

当汽车撞毁（smashed）时，车速大约有多快？

当汽车发生相撞（collided）时，车速大约有多快？

当汽车发生撞击（bumped）时，车速大约有多快？

当汽车发生碰撞（hit）时，车速大约有多快？

当汽车发生擦碰（contacted）时，车速大约有多快？

受试者对以上场景下汽车的行驶时速估计如下：

撞毁——40.8英里

相撞——39.3英里

撞击——38.1英里

碰撞——34.0英里

擦碰——31.8英里

仅仅通过改变措辞，受试者们的记忆就被改变了。汽车相撞的场景在受试者头脑中重现了，但是这一次"撞毁"这个词在新版本的记忆中成为必不可少的成分，而这个版本的记忆中所呈现的车速需要足以与"撞毁"这个形容词所匹配。

洛夫特斯提高了实验的难度，问这些受试者是否还记得影片中碎玻璃的画面。其实影片中并没有碎玻璃的画面，但是可以肯定的是，在问卷上看到"撞毁"这个字样的受试者，说自己在影片中看到碎玻璃画面的比例是其他人的两倍。

在那以后，人们又进行了数百次关于"误忆效应"的实验，受试者对各种各样的事情都深信不疑。螺丝刀变成了扳手，白人变成了黑人，互换了他人的经历。在一项研究中，洛夫特斯试图让受试者相信，他们小时候曾在商场里迷过路。她让受试者阅读四篇由家庭成员提供的文章，但其中一篇关于小时候迷路的文章是虚构的。四分之一的受试者将这个虚构的故事纳入到他们的记忆之中，甚至提供了这个虚构事件的细节，而这些细节并没有包含在故事中。洛夫特斯甚至说服人们，在他们还是小孩子的时候，当他们参观迪士尼世界时，他们曾跟兔八哥握过手，兔八哥不是迪士尼的卡通人物，她只是让受试者看了一幅伪造的广告。在一项实验中，她改变了受试者对食物的偏好。她对实验对象撒谎，告诉他们小时候曾因为吃了某种东西得了病。几个星期之后，当她给那些受试者提供同样的食物时，他们选择不吃。在其他的实验中，她植入了他们曾经有过在溺水中幸存和抵御动物攻击的记忆——这里面没有一个是真实的，但是所有的这些都被受试者毫无抵抗地接受进了他们的自传。

洛夫特斯把展示记忆的不可靠性作为她毕生的研究。几十年来，她一直帮助反驳目击证人的证词和质疑嫌疑人的名单，她还批评过一些心理学家，因为他们声称可以唤起人们被压抑的童年的记忆。例如，在她的一个实验中，她让受试者观看一次假装的犯罪，然后让受试者从一组嫌疑人中选出罪犯。警察告诉受试者，行凶者就站在他们面前的这一列人之中，但这是一个谎言。他们中并没有真正的嫌疑犯，但是78%的受试者仍然把一个无辜的人当作是他们看到的罪犯。洛夫特斯说，记忆并不是这样运作的，尽管如此，我们的许多制度和社会规范却依然默认记忆会如此运作。

关于为什么会发生这种情况，有很多种版本的解释，但其后果是可以预见的。

科学家们普遍认为，记忆不能像视频那样被原封不动地记下来，也不会像硬盘上的数据那样被存储起来。各种记忆就像从你大脑桶里取出的乐高玩具一样，是在提取后被当场组装起来的。英国神经病学家奥利弗·萨克斯（Oliver Sacks）在《色盲岛》（The Island of the Colorblind）中写道，一位病人在脑部受伤后变成了色盲。他不仅看不见某些颜色，而且无法想象出来，也不能记住它们。汽车、服装和嘉年华会的记忆突然消失了，被冲淡了。虽然这个病人的记忆最初是在他还能看见颜色的时候留下的，但现在只能靠他目前的想象力来召回那些记忆。你每次建立一个记忆时，都只能留下非常浅的印象，如果这件事情过去了很长时间后，你就可能完全记错细节。哪怕有一点点影响，也可能导致错误的记忆。

2001年，华盛顿大学的亨利·罗迪格三世（Henry L. Roediger Ⅲ）、米歇尔·L. 米德（Michelle L. Meade）和埃里克·伯格曼（Erik T. Bergman）让学生们列出他们在大多数家庭中常见的厨房、工具箱、浴室和其他公共区域会看到的十件物品。你自己好好想想。你希望在现代厨房里找到哪十样东西呢？这种想法，这个想象的地方，就是一个图式。你对几乎所有事物都有图式——例如，海盗、足球、显微镜等。它们是一些围绕着物体、场景、房间等事物原型的图像和相关意念。时间一长，你在生活中或其他人的故事中看到的事物，就逐渐变成了原型。你还会对从未去过的地方有自己的设想，比如海底或古罗马等。

例如，当你想象古罗马的时候，你会看到战车、矗立在你头顶上的灰白色圆柱、大理石雕像吗？你可能会看到这些景象，因为电影和电视里面一向这样描述古罗马。其实那些圆柱和雕像表面都被涂上了彩虹般的色彩，而按照今天的审美标准，这些色彩过于花哨，当你了解了这一点，你会感到惊讶吗？它们当年确实如此。你对它们的图式思考召之即来，但是并不准确。图式的作用是启发：你对这些概念的思考越少，你就能越快地处理与这些概念相关的思想。图式一旦变成了一个刻板印象、一种成见，或者一种认知上的偏见，你就会为了提高效率而开启那些可以接受的记忆错误。

再回到之前的实验上。在心理学家让学生们列出他们希望在不同的家庭场所能够找到的物品之后,他们找来了一批演员扮演实验助理,并将他们与要求列出物品清单的学生进行配对。受试者和实验助理一起观看了幻灯片,幻灯片上描绘了一些熟悉的家庭场所。心理学家要求他们密切关注自己看到的东西,以便日后能记住它们。为了让他们的头脑清醒,受试者在进入实验的最后一部分之前做了一些数学题。然后,学生们和他们的同伴一起进行回忆,一起大声说出他们看到的场景中的东西,但他们的同伴们还说出了许多场景中没有的一些东西。例如,在厨房的场景中,没有烤面包机或烤箱手套,但同伴们都假装回忆起了这些东西。心理学家使用了这个花招之后,研究人员给受试者一张白纸,让他们列出他们能记住的所有的东西。

正如你现在所推断的那样,受试者被轻而易举地植入他们原本以为会出现在目标场景中的虚假记忆。他们列出了一些在幻灯片上从未展示过,但实验伙伴暗示过的物品。他们对厨房的思维图式中包括了烤面包机和烤箱手套,所以当同伴们说他们看到这些东西时,他们的大脑就会向前思考并把它们添加到记忆中。如果他们的同伴说他们记得在厨房里看到过抽水马桶,相对来说,受试者就不那么轻易接受了。

1932年,心理学家查尔斯·巴特利特(Charles Bartlett)向受试者讲述了一个美国印第安人的民间故事,然后要求他们每隔几个月向他复述一次,这个研究持续了一年。随着时间的推移,这个故事变得越来越不像原来的故事,而听起来更像是来自回忆者所属的文化的故事。

在最初的故事中,来自伊古拉克(Egulac)的两名男子在河边捕猎海豹时听到了一些声音,他们认为是战争的呼喊声。他们藏了起来,看见了五个人划着独木舟过来了。那些人请求他们加入到战斗中。他们当中一个人同意了,另一个人则选择回了家。在这之后,故事就开始变得混乱,因为有人说参加战斗的那些男人是鬼魂。这位随勇士出征的男士被袭击了,但不清楚是谁击中了他,也不知道他与谁搏斗。当他回到家后,他把这段经历告诉他的族人,说他曾经跟鬼魂一起并肩作战。第二天早上,他嘴里吐出一些黑色的液体,然后就死掉了。

这个故事不但奇怪，而且表述方式也不寻常，有些让人费解。随着时间的推移，受试者们会重塑这个故事，并加入自己的理解。他们的版本比最初的版本更短，线索更清晰，许多令人费解的细节也被省略掉了。那些鬼魂成为敌人，或者成为盟友，但无论是什么角色，它们都是故事的中心特征。许多人认为他们是不死族，即使在故事中，"鬼魂"这个词可以用来表示那个部落的名字。这个垂死的人受到了照顾。猎海豹的人变成了渔民。那条河变成了海。那些口中流出的黑色液体也变成了即将脱离死者身体的灵魂或者吐出来的血块。大约一年后，受试者口中的故事开始出现了新的人物、图腾和一些在原来的故事中从未出现过的想法，比如朝圣之旅或者死亡祭祀。

记忆是不完美的，也是在不断变化的。你不仅用现在来过滤过去，你的记忆也非常容易受到当今社会流行观念的传染。你总是把别人的记忆装在自己的头脑里。研究表明，你的记忆是可渗透的、可塑的，并且不断进化的。它不是固定不变的，而是更像一个梦，把你白天想的事情的信息拉进来，为故事添加新的细节。如果你认为它发生了什么事情，你就不太可能再怀疑它是否发生过。

这些研究中令人震惊的部分是，记忆是非常容易受到"污染"的，一个想法就能改写你的自传。更奇怪的是，随着记忆的改变，你对记忆的信心也会逐渐增强。考虑到来自朋友、家人和所有媒体对你的想法和情感的无情轰炸，你回忆起的东西有多少是准确的呢？有多少"补丁"是自己拼凑上去的？那些从餐桌上流传下来的故事有多少是真实的？或者说，虚构和事实的比例是多少？认真思考"误忆效应"的影响，你不仅要对目击者提供的证词提出质疑，对你自己的过往经历提出质疑，而且还意味着如果有人认为某事是真实的，后来证实是被美化的，甚至是完全虚构的，你应该更宽容地对待这些事情。

当你以为你在窗边事物的列表中看到了"窗户"，那么想一下前面提到的练习吧。把这个记忆植入你的头脑中，几乎不费力气，也是你正在做的事情。那么，请认清你的记忆能力吧——等一下，那真的是"窗户"吗？

32. 服从

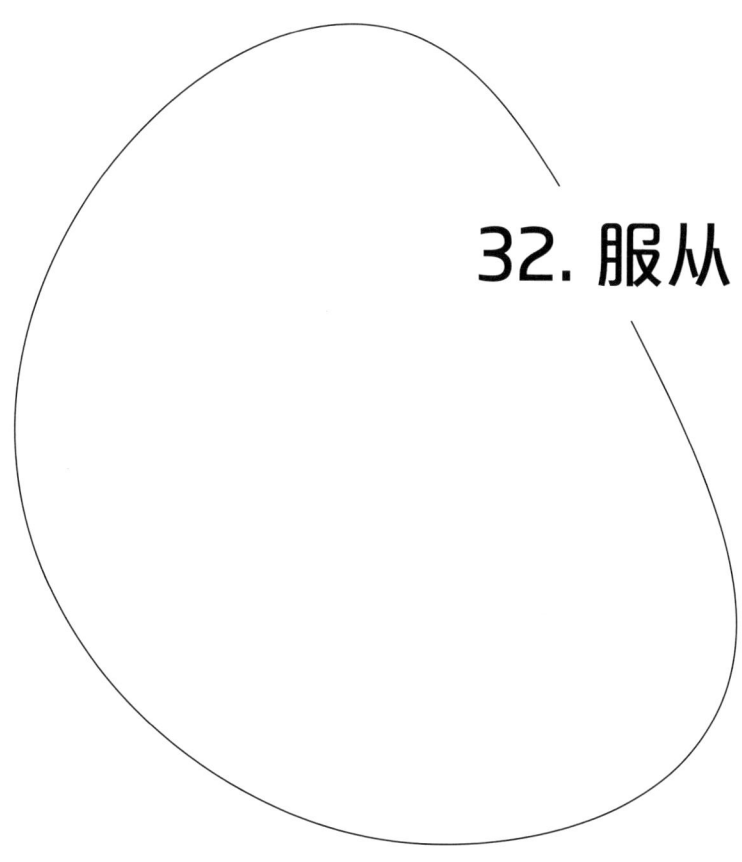

误解 | 你是一个个性非常强的人,除非迫不得已,否则你不会选择服从。

真相 | 只需一个权威人物或社会压力就能让你服从,因为服从是一种生存本能。

32. 服从

2004年4月9日，一名自称"斯科特警官"的男子给肯塔基州华盛顿山市的一家麦当劳快餐店打电话。他告诉负责接电话的助理经理唐娜·珍·萨默斯（Donna Jean Summers），他手头有一份失窃报告，而嫌疑人是露易丝·奥格本（Louise Ogborn）。奥格本今年18岁，在这家麦当劳打工。电话另一端的男子告诉唐娜·珍·萨默斯带她去餐厅办公室，锁上门，当着另一名助理经理的面，把她的衣服脱光。然后他让萨默斯向他描述那个裸体少女的情况。就这样持续了一个多小时，直到萨默斯告诉斯科特警官，她必须回到前台继续工作。

他问她是否可以由萨默斯的未婚夫接手，于是她把她的未婚夫叫到店里。他很快就到了，接了电话，然后开始按照指示行事。斯科特警官让他命令奥格本去跳舞，做跳跃运动，站到房间里的家具上。他如实做了。奥格本也照做了。然后，斯科特警官的要求变得有些色情色彩了。他告诉萨默斯的未婚夫让奥格本坐在他的腿上亲吻他，这样他能闻到她的气息。当她反抗时，斯科特警官让萨默斯的未婚夫打她赤裸的屁股，他照做了。经过三个多小时的折磨，斯科特警官最终说服了萨默斯的未婚夫强迫奥格本对他口交，并把过程播放给他听。然后他要求让另一个人来接手施虐过程，当一个维修工人被叫来接电话时，他询问到底是怎么回事儿。他感到非常震惊，并对这件事情表示怀疑。这时斯科特警官挂断了电话。

这是这名假扮警察的男子拨打的众多电话中的一个，他在四年时间里拨打过70多个类似的电话。他给美国32个州的快餐店打电话，说服人们羞辱自己和他人，有时是在私下，有时是当着顾客的面。每打一个电话，他都声称自己在与该店的母公司合作，有时也会声称是与个体特许经营的老板合作。他总是声称有人犯了罪。他说，侦查员和其他警察正在赶往那家店的路上。快餐店的员工们顺从地执行了他的指示，脱去衣服，摆出各种姿势，让自己尴尬难堪，供他娱乐。警方最终抓获了戴维·斯图尔特（David Stewart），这个人是佛罗里达州监狱的狱警。此人利用职务之便，利用手头的一张电话卡，能够联系到一些快餐店，其中包括前文中所提及的被骗的那家快餐店。斯图尔特在2006年受审，但最终被无罪释放了。陪审团说没有足够的证据证明他有罪。那次审判结束后，再也没有恶作剧电话了。

究竟是什么让这么多人听从一个他们从未见过、也没有证据证明对方是警察的人的命令呢？

如果我给你一张卡片，上面只有一条线，然后再给你另一张卡片，上面有一条相同的线，这条线旁边还有两条线，一条长一点，一条短一点，你能找出第二张卡片上那条与第一张卡片上的线等长的那条线吗？

你完全可以做到。几乎所有的人都能在几秒钟内在第二张卡片找到与第一张卡片上的线等长的线。现在，你是一个试图达成共识的群体中的一员，群体中的大多数人说，这一条线明显比第一张卡片上的线短，短的线才是等长的，那你接下来会怎么做？你会作何反应呢？

1951年，美国心理学家所罗门·阿什（Solomon Asch）曾做过一个实验，他让一群受试者聚在一起，并让他们观察上文描述的那种卡片。然后他会问这些人同样的问题。在没有强迫的情况下，大约2%的人做出了错误回答。在接下来的实验中，阿什请几个助理研究者加入到受试者中，这些助理研究者做出的是错误的回答。如果他问哪一条线等于、长于或者短于第一张卡片上的线条，或者随便提问什么问题，那些助理研究者都会迫使某个无助的受试者独自做出错误的回答。

你可能认为你会逆势而行，难以置信地摇着头表示否认。你可能会对自己说，"这些人怎么会这么蠢呢？"好吧，我不想打断你的话，但研究表明你最终会从梦中醒来。在阿什的实验中，75%的受试者都会选择至少在一个问题上让步服从别人的意见。他们看了那些线段，知道其他人都同意的答案是错误的，但是你还是选择服从他们。他们不仅循规蹈矩、随波逐流，而且在随后的提问中，他们否认自己的从众行为。当实验者告诉他们犯了错误时，他们会找出各种借口并把所有的责任都揽在自己身上。虽然不守规矩是不会受到奖惩的，但像你这样聪明的人还是会选择屈服，并否认自己随波逐流。当面对巨大的社会压力时，你很有可能会崩溃。

阿什花费了很长时间，不断改变实验条件，邀请不同数量的实验助理和不知情的受试者参与实验。他发现会有一到两个人不受多数人意见的影响。他需要三个或更多的人来让一小部分人开始表示服从。赞成的人的百分比与反对他们的人的数目成比例地增加。当整个小组都被换成了实验助手时，只有25%的受试者能答对全部问题。

大多数人，尤其是那些生活在西方文化中的人，往往把自己看成是独立的个体，以为自己是在按照与众不同的节奏前行。你可能就是这样的一类人。你注重自己的个性，认为自己是一个有独特品位的不墨守成规的人，但问问自己这种不墨守成规究竟会走多远。你是否住在亚利桑那州沙漠里用野猪牙搭建的拱形小屋里，不肯饮用公共机构提供的饮水？你会说你和你姐姐小时候自创的一种语言吗？你会在廉价剧院的日场演出结束时舔陌生人的脸吗？当别人鼓掌的时候，你会拍腿喝彩吗？真正地拒绝遵守你们的文化规范和当地的法律，将是一种徒劳无功的令人畏惧的行为。你可能不同意时代精神，但你知道从众是生活游戏的一部分。很有可能，你往往选择服从某些重要的规矩，而让很多事情顺其自然。如果你去外国旅行，你会把别人的行为当作你的行为准则。当你拜访别人家时，你会选择像他们一样去做事情。在大学的教室里，你会安静地坐着，记着笔记。如果你去了健身房或开始了一份新工作，你做的第一件事就是寻找行为举止的线索。你刮了腿毛或胡子。你使用了清新剂。你服从了他们的规矩。

正如美国心理学家诺姆·施潘瑟（Noam Shpancer）在他的博客中解释的那样，"我们通常意识不到我们在什么时候遵从。遵从是我们的本能，也是我们的默认模式"。施潘瑟说，你之所以会选择从众，是因为你的大脑已经形成了对社会的接纳。要想成功，你需要盟友。当你可以从多个来源接收信息时，你就能更好地了解世界。你需要朋友，因为被抛弃的人得不到有价值的资源。所以，当你和别人在一起的时候，你会寻找指导自己行为的线索，你会利用同伴提供的信息来做出更好的决定。当你认识的每个人都告诉你手机上有一款很棒的应用程序，或者推荐你应该读一本书时，你会很受鼓舞。如果你所有的朋友都告诉你不要去城里的某个地方或者尝试某个牌子的奶酪，你就会听从他们的建议。从众是一种生存机制。

最有名的从众实验是在1963年由美国心理学家斯坦利·米尔格拉姆（Stanley Milgram）完成的。他让受试者坐在一个房间里，听从一个身着实验服的科学家发号施令。他告诉受试者，他们将跟隔壁房间里的另一名受试者结伴学习单词，每次他们的搭档回答错了，他们就要电击同伴。一个复杂而精巧的装置上的控制面板清楚地显示了电击强度。一单排开关下贴着标签，上面标有不同的电压强度和说明文字。在低端，标签上写着"轻度电击"；中间开关的标签上写着"强烈电击"。在这排开关的最高端的标签上标着"ÏXXX.Ó"，这意味着死亡。穿着实验服的人会督促受试者按下相应开关按钮，对隔壁房间的搭档实施电击。每一次电击，从隔壁房间都会传出尖叫声。在尖叫声之后，穿实验服的科学家要求受试者提高电压强度。尖叫声会越来越大，最终受试者可以听到另一个房间里的人在恳求他饶命。大多数受试者会请求实验人员是否可以停止实验。他们不想电击隔壁房间的可怜人，但科学家会敦促他们继续下去，并告诉他们不要担心。科学家说了这样的话："你别无选择，你必须接着做下去"，或者"这项实验要求你继续做下去"等。令所有人惊讶的是，65％的人会选择不断地开启电击开关，直到按下"ÏXXX.Ó"按钮。事实上，根本没有电击，隔壁房间的人只是一个假装痛苦的实验助理。米尔格拉姆的实验重复了许多次，呈现了许多变化。通过删除权威变量，服从命令一直进行测试的受试者百分比降低到零；当让别人发出命令，而受试者只需要进行电击，服从命令的受试者百分比提高到了90％。同样，在米尔格拉姆的实验中，既没有涉及奖励，也没有涉及惩罚，只是简单地服从实验命令。

米尔格拉姆指出，当你认为自己的行为只是服从命令的一部分，尤其是来自权威人士的命令时，你有65％的可能性会走向谋杀的边缘。如果考虑到惩罚的风险，或者考虑到你自己受到的伤害，与他人保持一致的从众概率就会增加。米尔格拉姆的作品是对纳粹大屠杀的思考。他想知道一个国家的道德准则是否会被打破，或者顺从和服从权威更有可能使得那些顺从的人犯下无法言说的罪行。米尔格拉姆总结道，他的研究对象，可能还有数百万人，都把自己视为工具，而不是人。当他们成为行使这种可怕行为的人的延伸时，他们自己的意志就会被放在一边，在那里它可以保持清白无辜。因此，当寻求顺从的人让别人相信他们是工具而不是人的时候，服从就产生了。

被斯科特警官哄骗的餐厅员工后来说，这就是发生在他们身上的事情。斯科特警官的要求开始并不过分，然后逐渐增加，就像米尔格拉姆实验中的电击一样。到他们感到不舒服的时候，这种情况已经扩大到无法控制的程度了。他们害怕如果不服从新的命令就会受到惩罚，一旦越过了道德底线，他们的道德就无法容忍，他们就会逐渐放弃自己的个性，转而扮演执法者的角色。

要知道，你的从众欲望是强烈而无意识的。有时候，想要让每个人都开心并遵守社会习俗是一件好事。例如在家庭聚餐上，它使你与在现代世界中更容易一起工作的规范保持密切联系。但也要注意另一方面——从众可能导致的黑暗面。当你的行为可能伤害自己或他人时，永远不要害怕质疑权威。即使是在简单的情况下，比如下次你看到一群人排队等着进教室、看电影或去餐馆，你也可以打破常规——去检查一下门，或者向里面望一下。

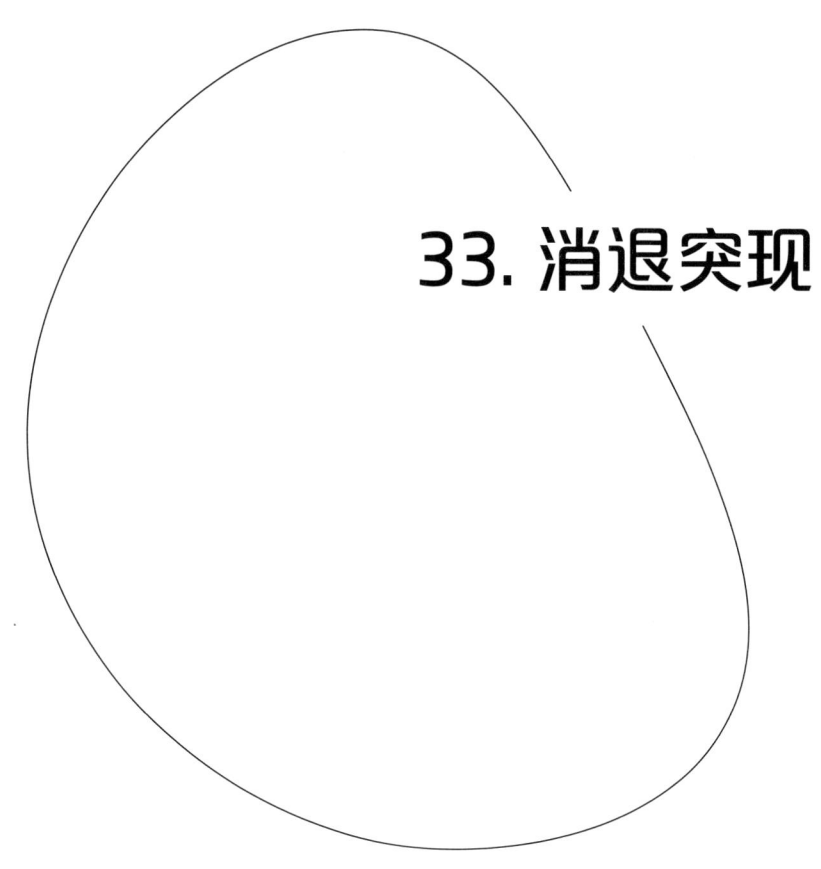

33. 消退突现

误解 | 如果你放弃一个坏习惯,它就会逐渐减少,最终从你的生活中消失。

真相 | 任何时候,当你突然戒掉某样东西,你的大脑都会做最后的努力,让你恢复习惯。

你就是如此。

你认真地对待减肥事业，时刻关注自己摄入的每一个卡路里。你认真查看食品的标签，采购水果和蔬菜，去健身房健身。一切进展都很顺利。你感觉也非常好。你感觉自己像个冠军。你想："这似乎很容易做到。"有一天，你终于经不住诱惑，吃了一些糖果，或甜甜圈，或芝士汉堡。也许你还买了一包薯片。你还点了阿尔弗雷多宽面的外卖。那天下午，你决定不仅要吃你想吃的任何东西，而且为了几年这个日子，你还要吃一品脱冰激凌。你的节食计划以一场灾难性的狂欢结束。

这到底是怎么回事？你是如何从健康食品顺利过渡到那些垃圾食品的呢？你只是经历了一次"消退突现"而已。

一旦你习惯了奖励，当你又不能得到它的时候，你会变得很沮丧。食物当然是一种强有力的奖励。食物可以让你存活。你的大脑是在食物并不富足的环境中进化的，所以当你发现高热量、高脂肪、高钠的食物源时，你的自然倾向是吃很多，然后一次次重复。如果你舍弃了这样的奖励，你的大脑就会勃然大怒。

"消退突现"是消退过程的一个组成部分，是条件作用的原理之一。"条件作用"是塑造包括你在内的任何组织对世界的反应方式的最基本因素之一。如果你的行动得到了回报，你就更有可能继续下去。如果受到惩罚，你更有可能选择停下来。随着时间的推移，你开始通过将一系列越来越多的事件与它们的最终结果联系起来，来预测奖励和惩罚。

如果你想要一些鸡块，你知道你不能通过仅仅打个响指然后让它们出现。你必须参与一长串的行动——学习语言、获得金钱、购买汽车、购买衣服、获得燃料、学习驾驶、学习使用金钱、学习在哪里出售鸡块、驾驶到哪里、使用语言、用钱购买鸡块等。如果我们真的想深入了解你为鸡块吃到嘴里所要经历的"条件作用"过程，那就可以将这一系列的行为分割成越来越小的部分。仅仅是驾驶汽车从一个地方到另一个地方就是一个复杂的过程，经过数百个小时的练习才能够完成。数百万个微小的行为，每一个过程中的一个步骤，共同构成了一个你学过的操作，而你获得的回报，就是对这些努力的补偿。想象一下迷宫中的老鼠，它学习了一系列复杂的步骤——左转两次，右转一次，左转，右转，左转，才能得到奶酪。甚至连微生物也能适应刺激，对刺激做出反应，并预测结果。

曾有一段时间，心理学中的条件作用成了"猫的睡衣"（俚语，用以形容时髦的事物）。20世纪六七十年代，美国心理学家伯罗斯·弗雷德里克·斯金纳（Burrhus Frederic Skinner）因为发明了一种叫作"操作性条件调整箱"的东西——"斯金纳箱"（Skinner Box），让美国人大惊失色，从而成为一位科学家名人。箱子是封闭的，由杠杆、食品分配器、电路板、灯和扬声器组成。科学家们把动物放在箱子里，对它们进行奖励或惩罚，以鼓励或阻止它们的某种行为。例如，老鼠可以被教会通过推动一个控制杆，亮起绿灯，来获得食物。斯金纳演示了他是如何教鸽子转圈飞的，只有鸽子在朝一个方向转的时候，他才给它们提供食物。后来他逐渐减少食物，直到鸽子越飞越远，按照一个方向飞旋。他甚至可以让鸽子分辨出"啄"和"转"这两个口令，只需要给它们一个手势，它们就能够做出相应的动作。是的，在某种意义上来说，他教会了鸽子识字。

斯金纳发现，通过向鸽子和老鼠分发食物来慢慢建立行为链，这可以让它们完成一系列复杂的任务。举例来说，如果你想教一只松鼠滑水，你只需要从小任务开始，不断继续下去，直到达到最终目标。其他的研究人员将惩罚添加到常规训练中，发现惩罚也可以像食物小球一样被用来鼓励和阻止行为的发生。斯金纳开始相信条件作用是所有行为的根源，不相信理性思考与你的个人生活有任何关系。他认为内省是条件作用的一种外在产物。

一些心理学家和哲学家仍然认为，你只不过是一个复杂的机器人，就像一个蜘蛛或一条鱼一样。你没有自由，也没有自由意志。你的大脑是由原子和分子组成的，它们必须遵守物理和化学定律，所以有人说你的大脑只能服从于各种宇宙规则。你生命中所想、所感和所做的一切都是宇宙大爆炸的自然数学后果。在这派心理学家眼中，你跟昆虫没有什么区别，只是应对反应刺激的神经系统更为复杂，行为习惯更广泛更密集，且那些日常的程序只能让你产生意识。这种观点引起了激烈的争论，了解了这个情况，你可能会感到无比欣慰。这个观点可以追溯到希腊的哲学家，他们把无意识想象成一辆野马拉着的战车，而这辆战车是由上层推理控制的。不管你是否有自由意志，条件作用是真实存在的，它的影响是不可忽视的。

有两种条件作用——经典条件作用和可操作性条件作用。在经典条件作用中，一些通常没有任何影响的东西会触发某种反应。如果你在洗澡时，有人冲马桶，淋浴的水立马变成了滚烫的激流，那么下次你听到马桶冲水的声音时，你就会习惯性地感到恐惧。这就是经典条件作用。一些中性的东西——马桶冲水——被赋予了意义和期待。你无法控制这个过程。你想都没想就躲开了热水，并没想过"我应该躲开这些热水，不然就会被烫伤"。如果你曾经吃了或喝了你喜欢的东西后生病，你将来会想方设法避免它。它的气味，甚至是一想到它，都会让你感到不舒服。对我来说，是龙舌兰酒。呃，太难喝了。经典条件作用能让你活下来。你很快就学会了避开可能伤害你的东西，像变形虫一样寻找让你快乐的东西。

斯金纳在动物身上产生的那种复杂行为是可操作性条件作用的结果。可操作性条件反射改变了你的欲望。你的倾向通过强化而增强，或者通过惩罚而减弱。你去工作，就会得到报酬。你打开空调，就不再出汗。你开车如果不闯红灯，你就拿不到罚单。你付了房租，就不会被赶出去。这都是可操作性条件反射，要么是惩罚，要么是奖励。

这最后把我们带回到第三个因素——消退。当你期待奖励或惩罚而什么都没发生时，你的条件反射就开始消失。如果你不给你的猫喂食，它就不会在你的饭碗附近徘徊，也不会喵喵叫了。它的行为将不断消弱。如果你继续工作却得不到报酬，最终你会停止工作。这就是"消退突现"发生的时候，也是在这种行为呼吸着最后一口气的时候。你再也不会去上班了。你甚至可能会冲进老板的办公室要求一个解释。如果你在狂乱地打手势和尖叫之后也没有看到什么效果，你就可能伸手去抓办公桌后面的老板，最终戴上手铐被警察带走。

就在你要放弃一项长期训练的习惯行为之前，你会做出抓狂的举动。这是你大脑中最古老的部分做出的最后一次孤注一掷的尝试，以不断获得回报。你把钥匙锁在公寓房间里，而你的室友却在睡觉。你按了门铃，敲了门，但是你的室友并没有开门。你一次又一次地按门铃。于是你开始用力敲门。如果你的电脑死机了，你不会只是走开，你会选择开始到处点击，甚至可能会用拳头敲打键盘。如果一个孩子在结账时没有得到糖果，他或她可能会大发脾气，因为在过去通过这种行为会得到糖果。这些都是"消退突现"——一个过往行为的暂时增加，一个来自你心灵深处的请求。

让我们再回到本文开始提及的那个节食。你在生活中失去了一个奖励：美味可口的高热量食物。正当你准备永远放弃这些奖励的时候，一场"消退突现"正摧毁你的意志力。你会变得像个两岁大的孩子一样，如果你的要求得到满足，那么这种行为就会加强。强迫性暴饮暴食是一种疯狂的精神状态，在压力下对食物上瘾，直到崩溃。

为了戒掉暴饮暴食、吸烟、赌博、《魔兽世界》或任何通过行为调节形成的坏习惯，你必须妥善准备经受住你潜意识的秘密武器——"消退突现"。成为你自己的"超级保姆"（英国一档育儿电视节目）吧，成为你自己的"狗语者"（美国"国家地理"电视频道播出的系列纪录片）。寻找替代的奖励和积极的强化方式吧。设定目标，当你实现目标的时候，给自己戴上你选择的花环。当事情变得难以实现时，不要惊慌失措。因为你不够聪明，所以才形成了一些习惯；也是因为你并不那么聪明，那些习惯才会停止。

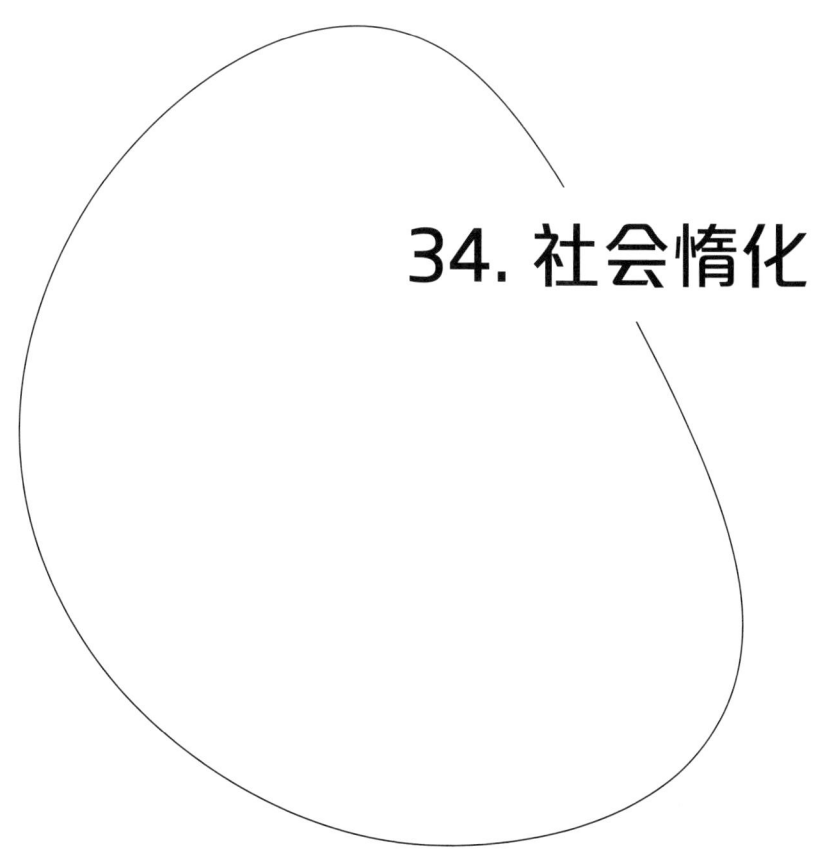

34. 社会惰化

误解 | 当你和别人共同完成一项任务时,你会比别人更加努力,也会变得更成功。

真相 | 一旦成为团队的一员,你往往会付出更少的努力,因为你知道你的工作成果将与他人的工作成果混在一起。

34. 社会惰化

当你想成就一番大事业，一件需要花费大量的时间、付出大量努力的事情，例如新开办一家公司或者拍摄一部短片，你的直觉会告诉你：你可以雇用的人越多越好，工作就越顺利，你实现目标也会越快。但事实是，当你与他人合作，为实现共同的目标而努力时，每个人都有比独自工作时游手好闲的倾向。如果你知道你不会被当作一个个体来被单独评判时，你就会本能地选择退居幕后。

为了证明这一点，心理学家艾伦·英厄姆（Alan Ingham）曾经毁掉了拔河比赛。1974年，他让受试者戴上眼罩，抓一根绳子。绳子系在一个相当古老的装置上，这个装置能够模拟出对手的反抗拉力。受试者被告知，有很多其他人也在和他一起拉绳子，他测量了受试者的用力程度。然后，他告诉受试者，他们将单独拉绳子，然后他再次测量他们的用力程度。其实，这两次受试者都是单独拉绳子。但是，当受试者得知自己是跟一群人合作拉绳子时，其拉绳子的力度平均减少了18%。

这个版本的社会惰化有时被称为"林格曼效应"，这个名称来自法国工程师马克西米利连·林格曼（Maximiien Ringelmann）。他在1913年发现如果一群人一起拉动拉力计，其共同努力之和，会小于同一拉力计上显示的单独用力之和。英厄姆和林格曼的研究将"社会惰化"引入了心理学——当你和一群人在一起时，你付出的努力要少于你单独完成同一项工作时付出的努力。

当音乐会上的主唱要求你尽可能大声尖叫时，接着又说了一遍："我听不见你们的声音！你们本来可以做得更好！"这时，有没有注意到第二次你们会唱得更大声？为什么第一次的时候，每个人都没有使出最大的力气，这是为什么呢？1979年，几位很聪明的科学家的确研究过这个现象。美国俄亥俄州立大学的社会心理学家毕勃·拉塔内（Bibb Latane）、吉卜林·威廉姆斯（Kipling Williams）、斯蒂芬·哈金斯（Stephen Harkins）做了一系列实验。他们让一群受试者先在一群人中大声叫喊，然后再独自一人，反之亦然。果然，受试者在群体中所发出的音量响度比他们在单独喊叫时的音量小。你甚至可以把它画在图上来表示这个现象。和你在一起参加活动的人越多，每个人付出的努力就越少。人多时，表示个人音量的曲线就会陡降，如同一个完美的滑雪道。你一直这样做，但你不是故意这样做的，除非你只是在大家一起唱歌时念歌词。所有这些实验的关键点是不让人们意识到发生了什么。只要你认为自己是群体的一部分，你就会不自觉地付出更少的努力。没有人意识到这一点，也没有人承认这一点。

当手头的任务很简单时，这种行为更容易出现。对于复杂的任务，通常很容易看出谁没有尽职。一旦你知道你的懒惰是显而易见的，你就会更加努力。你这样做是因为另一种叫作评估恐惧的行为，这只是一种巧妙的说法，当你知道你被单独挑出来的时候，你会更在乎。当你知道你的努力将与他人共享时，你的焦虑水平就会降低。你松了一口气，选择偷懒。

多年以来，体育科学家们已经将这种行为告知了教练，所以现在大多数主要球队在评估球员时都会将他们隔离起来，甚至用不同的摄像机分别拍摄他们，这样他们就不会沦为社会游手好闲的猎物。这种现象在任何可能涉及集体努力的情况下都能观察到。集体农场的产量总是低于个体农场。在没有监督的情况下，人们从事重复性工作的工厂，其生产率要低于那些每个人都有一定配额的工厂。

请注意，如今大多数组织都知道什么是"社会惰化"。有的时候，心理学家会发现你在偷懒，让你丢脸。所以，你的工作成果会受到某种方式的监督，监督者也会让你知道这一点，这样你才会更加努力地工作。你若为大公司工作，就尤其更会如此。它们知道，跟一群人一起工作时，你不会那么卖力。

35. 透明错觉

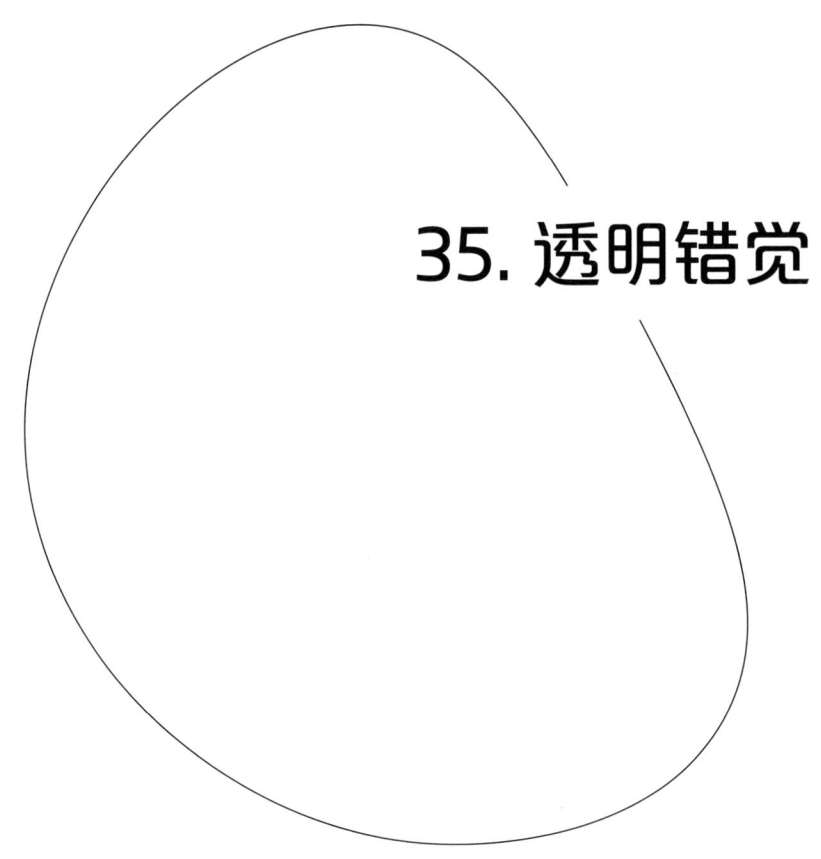

误解 | 当你情绪高涨时,人们会注意到你,能知道你的思想和感情。

真相 | 别人无法观察到你的主观体验,你高估了你传达内心想法和情绪的能力。

35. 透明错觉

在公共演讲课上,你要站在众人面前演讲,你的演讲稿就摆放在讲台中央,你的心中非常慌乱。你坐着听所有其他演讲者的演讲,你的脚尖轻点着地板,不安分地乱动,想通过这种方式把紧张的能量传递到地板上,手心里满是汗,你时时地把这些汗水擦在裤子上。每当一个演讲者结束演讲时,全班同学都会鼓掌,你就和其他人一起鼓掌,当掌声平息下来时,你就会意识到,当新的寂静降临时,你的心脏在砰砰乱跳。最后,老师喊到了你的名字,你的眼睛睁得大大的。你走到黑板前,小心翼翼地挪动着双脚,以免绊倒,那种感觉就像吃了一勺锯末。当你开始说出你已经排练过的台词时,同时你在仔细打量着同学们的脸。

"他为什么在笑?她在写什么?是有人在皱眉吗?"

"哦,不妙,"你想,"他们可以看出我有多紧张。"

"我看起来一定像个白痴。我要把这一切搞砸了,不是吗?这太可怕了。在我说出下一个字之前,但愿有一颗流星击中这个教室吧。"

"我很抱歉,"你对观众说,"让我重新再来一遍吧。"

现在情况更糟糕了。什么样的演讲者会傻乎乎地在演讲过程中向听众道歉?你的声音开始颤抖。汗水在你的脖子后面聚集。现在你的皮肤一定憋得通红,而房间里的每个人都在强忍着笑。但是,他们并非如此。他们只是觉得有点无聊。你的焦虑达到了顶峰,感觉你的头上一定发射出一股股情绪能量流,形成了某种绝望的光环。但是除了你的面部表情和泛红的皮肤外,从外表来看听众们并不能看出什么。为了把信息从一个人的头脑传递到另一个人的头脑,就必须通过某种形式的交流来传递。面孔、声音、手势,以及你此时此刻正在阅读的词句——我们必须依靠这些笨重的工具,因为无论多么强烈的一种情绪或一个想法多么强大,但是对于你的头脑之外的世人来说,它们都不能像你内心感受到的那么强烈、那么有力。这就是

"透明错觉"。

你知道你的感情和想法，你倾向于相信这些想法和情绪会从你的毛孔中泄露出来，其他人都可以看见，这些都能被外界感知到。你高估了别人对你真实想法的求知欲，却没有意识到其他人都在他们自己的幻想中，他们对自己内心世界的想法，和你是一样的。当你试图想象别人在想什么时，你别无选择，只能从自己的脑袋开始着手。在那里，在你不可逃避的自我中，你认为你的思想和感情必定会被其他人看透。当然，当人们集中注意力时，他们可以在一定程度上读懂你，但是你严重高估了这种程度。

你可以用伊丽莎白·牛顿发明的一种方法来测试"透明错觉"。

选择一首大家都非常熟悉的歌曲，例如你的国歌，让一个人坐在你的对面。现在你用指尖敲出这首歌的节奏。在敲出一两句话之后，询问坐在你对面的人你刚刚敲出的是什么歌。在你脑海里，能浮现每一个音符和每一种乐器的声音。但是在他们的脑海里，他们能听到的只是你手指的敲击声。先放下这本书，马上去试一下。我可以在这里等着你。

好的。我猜你一定去完成敲击任务了。其他人知道你在做什么吗？你的敲击代表了你正在演奏的曲调吗？可能不会。在伊丽莎白·牛顿的研究中，测试者预测听众听到一半就能猜出敲击的曲调，但是，猜对了曲调的听众，却不足3%。

你认为人们会理解的东西和他们实际理解的东西之间有着非常大的差异，而这种差异可能导致了短信和电子邮件中出现的各种误解。如果你像我一样，就需要经常备份，重述你想要表达的信息，或者别人关于你说话语气的提问，或者重述所有内容，并想方设法把想要表达的信息发送出去。

在互联网上，人们经常在语句末尾加上"Ĭ/sÓ"来表示讽刺，这是一个编程笑话，本质上是指图标讽刺。在网上交流语气太困难，我们不得不创建一个新的标点符号。把一个想法从一个人的头脑中转移到另一个人的头脑中是非常困难的，而且在信息传递过程中可能会丢失很多信息。你的见解会像雪崩一样冲击你，但是如果从口中说出来或者用指尖敲出来，就失去了那种力量。

1998年，美国社会心理学家托马斯·基洛维奇（Thomas Gilovich）、维多利亚·迈德维克（Victoria Medvec）、肯尼思·萨维茨基（Kenneth Savitsky）发表了关于"透明错觉"的研究报告。他们认为，你的主观体验或者是你的主观心理现象具有非常大的影响力，以至于当你处于高度情绪状态时，你很难看到它们以外的东西。他们的假设基于"聚光灯效应"——相信每个人都在看着你，评判着你的动作和外表，而实际上你大多数时候都消失在背景中。基洛维奇、迈德维克和萨维茨基认为，这种效果是如此强烈，以至于你觉得那假想的聚光灯可以穿透你的手势、话语和表达，并揭示你的内心世界。他们把康奈尔大学的学生分成了几组。当一组受试者阅读索引卡片上的问题并大声回答时，另外的一组受试者作为听众倾听。阅读问题的受试者会根据卡片上的问题做出真实回答或撒谎回答，而卡片上的问题只有他们自己能看到。在实验中，听众们被告知，听众们将根据找出的说谎者的数量获得奖励。说谎者常常会说"我见过大卫·莱特曼"之类的话。然后，说谎者必须猜出有多少听众能识破他们的谎言，同时，听众则必须从五个人中找到说谎者。结果如何呢？一半的说谎者认为他们被识破了，但实际上只有四分之一的人的谎言被识破——说谎者严重高估了自己的透明性。在随后的实验中，这些变量被打乱，改变了说谎的呈现方式，得到的结果与之前几乎完全相同。

20世纪80年代的研究表明，你对自己识破谎言的能力非常有信心，但实际上你在这方面表现得非常糟糕。另外，你认为自己的谎言很容易被他人识破。基洛维奇、迈德维克和萨维茨基又进行了另一个实验。他们让学生们坐在一台摄像机和一排15个装满红色液体的杯子面前。他们要求学生们品尝饮料，但要隐藏自己的表情，因为其中五种饮料的味道会让人觉得恶心。然后，他们让10个人观看录像，让品尝了的学生估计有多少观众能看出他们喝到了难喝的饮料。大约三分之一的观众能够分辨出他们对于饮料的厌恶程度，或者至少观众能够分辨出他们讨厌饮料的气味，并且能够准确地辨别出来。品尝饮料的受试者预测，大约一半的观众能看穿他们隐藏厌恶情绪的企图。"透明错觉"使学生们高估了旁观者的观察力。

他们在米勒和麦克法兰德的"旁观者效应"研究的基础上又做了一个实验。"旁观者效应"是指目睹紧急事件的人越多，个体采取行动的可能性就越小。他们的研究再次表明，当人们处于一种让他们感到担忧和惊慌的情况时，他们认为自己的心思是写在他们脸上的，而事实并非如此。因此，没有人采取任何行动。反过来，他们认为如果其他人被吓坏了，他们也能观察出来。2003年，肯尼思·萨维茨基和托马斯·基洛维奇进行了一项研究，用以确定他们是否能打破"透明错觉"。他们让受试者当场发表公开演讲，然后评估他们认为自己对听众的紧张程度。果然，他们说他们看起来就像丢了魂，但听众并没有注意到这一点。然而，在这个实验中，有些受试者陷入了一个反馈循环。他们认为他们看起来很紧张，所以他们开始尝试补偿，然后他们认为补偿又做得太明显，就试图掩盖，然后他们觉得掩饰的举动会表现得更加明显，如此循环，最终他们使自己进入一个状态，他们的反常举动真的被听众看出来了。研究者们决定再做一次实验，但这一次他们向一些受试者解释了这种"透明错觉"，告诉他们：他们会觉得每个人都能看到他们不善于演讲，但事实上可能看不出来。这一次，受试者对听众反应的过度担心被打破了。听了"透明错觉"的解释后的受试者觉得压力小一些了，演讲表现有所改进，听众们都反映说他们表现得更加镇定了。

当你的情绪主导你的行为时，当你自己的精神状态成为你注意力的焦点时，你判断他人感受的能力就会大大减弱。如果你试图通过他人的眼睛看自己，你就会失败。知道了这一点，你就可以预计到结果，并避免这种结果的产生。

当你接近你喜欢的人，你会感到你的心里像敲起了鼓，请不要惊慌。你看起来不像你感觉的那么紧张。当你站在观众面前或在镜头前接受采访时，你的大脑中可能会出现一阵焦虑的风暴，这种感觉似乎无法逃脱，但事实上你看起来比你想象的镇定多了。保持微笑吧。哪怕你岳母做的饭更适合于喂狗，她也不会听到你的脑干正在乞求你要把她做的菜吐出来。

如果你正试图沟通一些复杂的事情，或者你对某一主题有丰富的知识，而其他人却不知道，那么你要意识到，你的大脑和他们的大脑之间的鸿沟是非常难以跨越的。解释过程可能会变得棘手，但不要把气撒在他们身上。他们只是看不见你的内心，但这并不意味着他们不聪明。当你生气、焦虑或惊慌时，你不会突然变得有了心灵感应能力。所以，保持冷静，继续向别人解释你的真实想法吧。

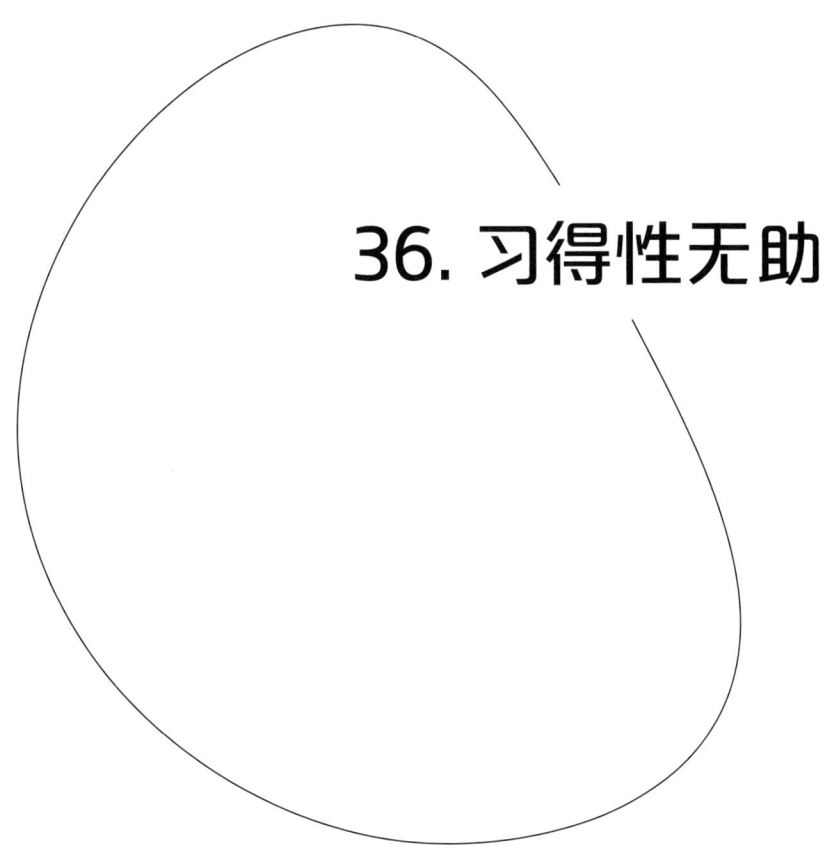

36. 习得性无助

误解 | 如果你身处逆境中时,你会尽你所能来摆脱它。

真相 | 如果你觉得你无法掌控自己的命运,你就会放弃努力,并接受任何你所处的处境。

36. 习得性无助

1965年，一位名叫马丁·塞利格曼（Martin Seligman）的心理学家开始对狗进行电击实验。

他试图扩展巴甫洛夫的研究——巴甫洛夫能让狗一听到铃声就流口水。塞利格曼开展的实验则与其相反：摇铃后并不给狗提供食物，而是对狗进行电击。为了让狗保持不动，他在实验期间用马具把它们拴住。当狗被训练好之后，他把这些狗放在一个大箱子里，用一个小栅板把箱子分成两半。他认为，狗一听到铃声就会跳过栅板逃跑，但是狗却没有那么做。它只是坐在那里，一动也不动。测试者试着在铃响后再对狗进行电击。狗仍然只是坐在那里，承受电击。当他们把一只从未被电击过的狗放进盒子里，并试图电击它时，它跳过了栅板逃走了。

你就像那些狗一样。

如果，在你的一生中，你经历过毁灭性的失败，遭受过沉重的打击，经历过你无法控制的情境，随着时间的推移，你说服自己：你已经没有逃离的机会，即使有逃离的机会，你也不会采取行动——你会变成一个虚无主义者，相信一切都是徒劳的，而不再抱有乐观的心态。

对临床抑郁症患者的研究表明，他们经常屈服于失败，不再选择尝试。一般人在期中考试不及格时会归咎于外部力量。他们会说教授是个混蛋，或者他们是由于睡眠不足导致的。但是，抑郁的人经常会责怪自己，认为自己很愚蠢。塞利格曼将其称为你的"解释风格"。你会从三个维度来看待影响你人生的各种事件：个人的、永久的和普遍的。如果你责备自己或责备你无法控制的力量，这对你带来的伤害会更大。如果你相信情况永远不会改变，你的悲伤就会比你相信明天会更好的希望更强烈。如果你认为你的问题影响了你生活中的方方面面，你会感到更加糟糕。悲观主义是一个维度，而乐观主义处于与之相对的维度。你的解释风格越悲观，就越容易陷入"习得性无助"。

你参加投票选举吗？

如果不参加选举，那是因为你认为选举这件事无关紧要，因为事情永远不会改变，还是因为两方的政客品行都不好，或者认为几百万分之一的选票根本不算数？是的，这就是"习得性无助"。

当被殴打的妇女、人质、受虐待的儿童或长期监禁的囚犯拒绝逃跑时，他们这样做是因为他们已经接受了尝试是徒劳的这一现实。逃跑又有什么用呢？那些走出困境的人处境也不好，肯定会遭遇各种导致失败的事情。任何长时间的负面情绪都会导致你向绝望屈服，接受命运的安排。如果你长时间处于孤独状态，你会认为孤独是生活的一部分，你会放弃与人交往的机会。在任何情况下失去控制都会导致这种状态。

在塞利格曼的另一项研究中，他把癌细胞移植到老鼠体内，这样老鼠就会患上致命的肿瘤。随后，他定期对老鼠进行电击，但其中一些老鼠有机会通过按压控制杆逃脱电击。另一组则完全没有受到电击。一个月后，在能逃避电击的老鼠中，有63%的老鼠对肿瘤产生了排斥反应。相比之下，那组没有被电击的老鼠中，对肿瘤产生排斥反应的老鼠占到54%。选择接受电击的老鼠存活率只有23%。由此来看，如果患癌症的老鼠被置于无法避免的环境中会死得更快。

美国心理学家艾伦·兰格和朱迪斯·罗丁在1976年的一项研究表明，在一些疗养院中，医生会鼓励病人顺从和被动。每一个突发奇想都会受到干预，因此病人的健康和幸福迅速下降。相反，如果这些疗养院中的病人被赋予了责任，让他们进行自主选择，他们就会保持健康和活跃。这项研究在监狱中重复实验。值得肯定的是，只要让犯人搬家具，控制电视开关，他们就不会出现健康问题，也不会发动叛乱。在流浪汉收容所，如果让流浪者自己挑选床铺或者食物，这些流浪汉不太可能去尝试找工作或者住所。当你能够成功地完成简单的任务时，你就会觉得自己有可能完成困难的任务。当你连小任务也无法完成时，就会认为一切任务比实际更难以完成。

宾夕法尼亚州立大学伊利分校（Penn State Erie）的心理学家查利斯·尼克松（Charisse Nixon）通过让她的学生完成单词整理测试，向她的学生展示了"习得性无助"是如何运作的。她要求她的学生重新排列单词中的字母，这样他们就能创造出新单词。她要求她班上的学生依次完成如下单词的重新排列任务：whirl（旋转），slapstick（闹剧），cinerama（宽银幕立体电影）。你可以自己试一下，但是必须在完成第一个单词之后才能做下一个。如果你现在坐在尼克松的教室里，当你在写第一个单词时，她会要求所有已经写完第一个单词的同学举起手来，然后你会抬头看到一半的同学已经准备好开始排列下一个单词了。然后尼克松告诉每位同学去完成第二个单词的排列，同样，这次除了你和少数几个学生，其他学生都举起了手。她用同样的方法，要求学生完成第三个单词的排列，班上有一半的学生很快就完成了，而剩余的同学还在那里发愣。她的这项非正式研究的诀窍在于：她让班上一半的学生完成以上三个单词的排列，而让另外一半的同学完成另外三个单词的排列bat（蝙蝠）、lemon（柠檬）、cinerama（电影）。"bat"很容易重新排列成"tab"（标签），"lemon"也容易重新排列成"melon"（甜瓜）。所以，当完成两个简单单词排列的那一半学生排列"cinerama"时，他们会发现很容易把它还原为美式英语。如果你像大多数人一样，当你盯着"whirl"这个单词并绞尽脑汁来搜索这五个字母构成的其他单词，你会感到不可思议，同时也感到能力不济。"这件事大家都那么容易就完成了，我到底是怎么了？"接下来是"slapstick"这个单词，现在你觉得自己更笨了，因为大约有一半的同学都毫不费力地将其排列了出来。现在，随着习得性无助感的充分发挥，你对"cinerama"的看法与那些轻松完成前两个填词任务并满怀自信的同学的看法是不同的。尽管这个任务并不是那么困难，但是"习得性无助"还是让你放弃。在尼克松的班上，这种情况是常见的。在完不成前两个填词任务的学生中，有一半会选择放弃第三个单词的填词任务。

关于这种奇怪的行为是如何进化而来的，主流的理论支撑观点是：源于所有生物保存资源的欲望。如果你无法逃避压力的来源，它会导致更多的压力，而这种积极的反馈循环最终会触发行为的自动终止。在最极端的情况下，你认为如果你继续奋斗，你可能会死掉。如果你停下来，坏事就有可能消失。

每一天你都会感觉自己无法控制影响你命运的力量，包括你的工作、政府、你的嗜好、你的抑郁、你的钱财等。所以，你表现出了一些小反叛行为。你定制你的手机铃声，粉刷了你的房间，收集了邮票。你做出了选择。

选择，即使是一些很小的选择，都能减轻你的无助感，但你不应当就此止步。你必须反击你的无助行为，学会骄傲地面对失败。经历失败往往是获得你想要的东西的唯一途径。除了死亡，你的命运并不是不可避免的，而是可以改变的。

你其实没有那么聪明，当然你比狗和老鼠都聪明。所以，你还是不要选择放弃为好。

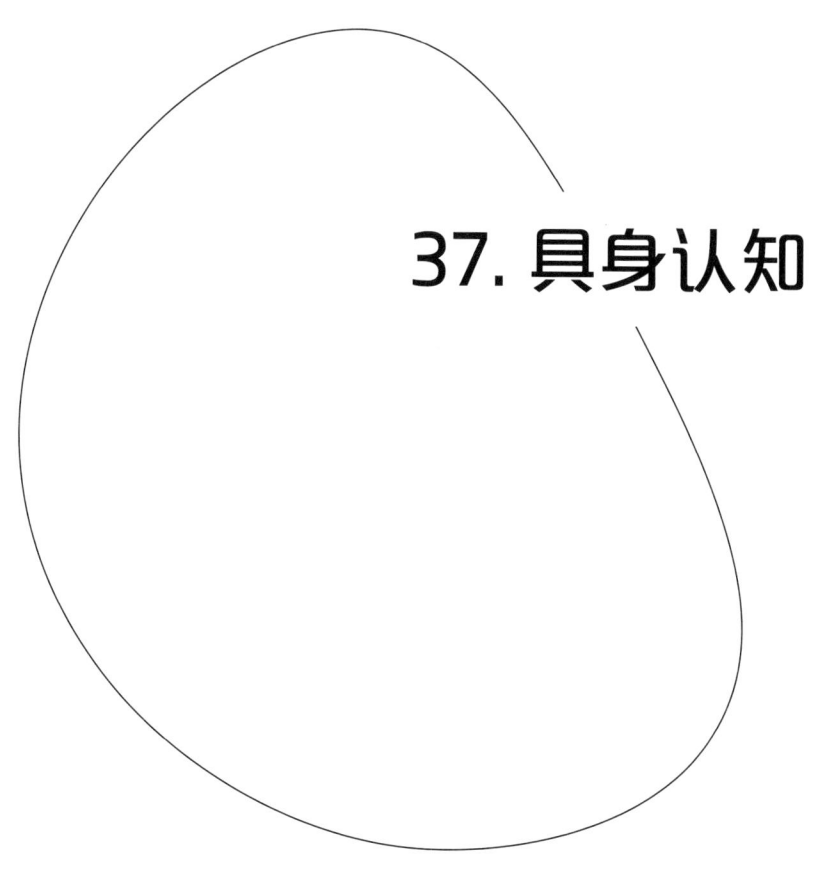

37. 具身认知

误解 | 你对人和事的看法是建立在客观评价的基础上的。

真相 | 你把你的物质世界转化为文字,并且相信这些文字的内容。

37. 具身认知

想象一下这个场景。

当你走进一个家,拂去肩上的雪,壁炉里的炉火噼啪作响。你套上一件毛衣,手握一杯热气腾腾的苹果酒,然后坐在壁炉对面一张舒适的椅子上。这种场景让你感觉很舒适吧?

这听起来很奇怪,但人们是用比喻来思考的,比如暖和冷、快和慢、亮和暗、硬和软。这些词有两层含义。"冷"可以表示一种对物理现象的感知,也可以表示一种情绪、举止或风格。"暗"可以用来描述一种色调,或者描述歌唱的方法。"硬"可以指在商务谈判中讨价还价的技巧,也可以指椅子对你后背的阻力所带来的感觉。

上述的场景是温暖的——物理上的温暖,又是一种结果,因此这种环境下的所有互动和观察都将被解释为情感上的温暖。温暖的感觉会让你联想到"温暖"这个词,而这些想法会引导你以一种可以被比喻为"温暖"的方式行事。

2008年,美国玻尔得市科罗拉多大学利兹商学院的劳伦斯·威廉姆斯(Lawrence Williams)教授和耶鲁大学约翰·巴奇(John Bargh)博士进行了一项研究,安排受试者与陌生人见面。一组受试者拿着一杯热咖啡,另一组则拿着加了冰块的咖啡。之后,当被要求评价陌生人的性格时,端着热咖啡的受试者反馈说他们觉得陌生人友善、慷慨、有爱心。而手持冰咖啡的受试者对同一个陌生人的评价是很难相处、态度冷淡、难以交谈。在另一轮的研究中,受试者要么拿着加热垫,要么拿着冰敷包,然后被要求查看各种产品,并对它们的质量做出整体判断。当受试者完成这项任务之后,实验者会对受试者说,他们可以选择一件礼物作为参与实验的纪念品,或者他们可以把礼物送给其他人。拿着加热垫的那组有54%的人选择把得到的奖励分享给他人,但是手持冰敷包的受试者只有25%的人选择分享他们得到的奖励。这些受试者把他们的身体感觉转化成文字，然后用这些文字作为隐喻来解释他们的感知或预测他们自己的行为。

有很多研究都显示了这种现象。你会认为穿亮色衣服的人友好、聪明——bright（明亮的，聪明的）。你看到说话慢的人就认为他们不怎么聪明——slow（慢的，反应慢的）。无论你的文化使用什么比喻，只要这些比喻与描述感觉的单词相匹配，那么这些比喻就会改变你对周围世界的观感。触觉也是这种现象的一种强有力的表现形式——事物给你皮肤的感觉可以转化为事物影响你心灵的方式。

美国麻省理工学院的乔什·阿克曼（Josh Ackerman）和哈佛大学的克里斯托弗·C. 诺塞拉（Christopher C. Nocera）以及他们的同事在2010年进行了一项研究，受试者假装在进行求职面试。如果把简历夹在厚厚的剪贴板上，他们会更认真地对待自己的面试工作，并会觉得简历更令人印象深刻。附在薄剪贴板上的简历的求职者会被认为是不太合格的。受试者身体上感受到的重量和分量，不仅转化为他们的职责的重量和分量，而且为他们所阅读的内容赋予了特定的意义。在他们的另一项研究中，研究人员让受试者假装买了一辆车。他们发现，坐在硬靠背椅子上的受试者比坐在软垫椅子上的受试者更倾向于讨价还价，并期望得到较好的讨价还价结果。他们所坐的椅子是硬的（hard），因此，让他们在讨价还价过程中也表现得非常强硬（hard）。

在实验中，人们坐在一间寒冷的房间里观看国际象棋比赛的视频，事后他们会用经验主义的术语描述视频；如果他们坐在一个温暖的房间里观看视频，他们会用情绪和逸事来描述视频。下次你看电影的时候，注意一下伟大的电影制作人是如何在你的脑海中植入文字的，这样你就可以用他们想让你感受到的情感来诠释下面的场景。如果角度是歪斜的，你就会看到影片中的角色或情况是"失常的"（off-kilter）。如果房间里空无一人，一片寂静，你会觉得影片中的人物既冷漠又孤独。

环境决定了你会以一种特定的方式来观察世界，事物的温度变化或表面的坚固性决定了你看待世界的方式。结构也非常重要。你触摸物体的方式会在你的大脑中引发一系列联想。你的思想会随着你想到的单词而改变。你应该意识到，广告商和零售商已经加入了这股潮流。自从约翰·巴奇的研究开始在互联网上传播以来，神经营销学领域热衷于测试"具身认知"，并且一直在讨论它的潜力。如果你开始看到一些产品的形状和表面，形状和表面设计就是为了引发一大串思想和感觉，那么约翰·巴奇的研究可能就是其源头。

下次你去看医生的时候，当那位医生把一个冰冷的听诊器放在你的胸前，你就认定这位医生很难相处。这时要记住你其实没有那么聪明。同样地，如果有人邀请你出去喝杯咖啡，记住你手中的咖啡杯可以改变你对他们微笑的回应方式。

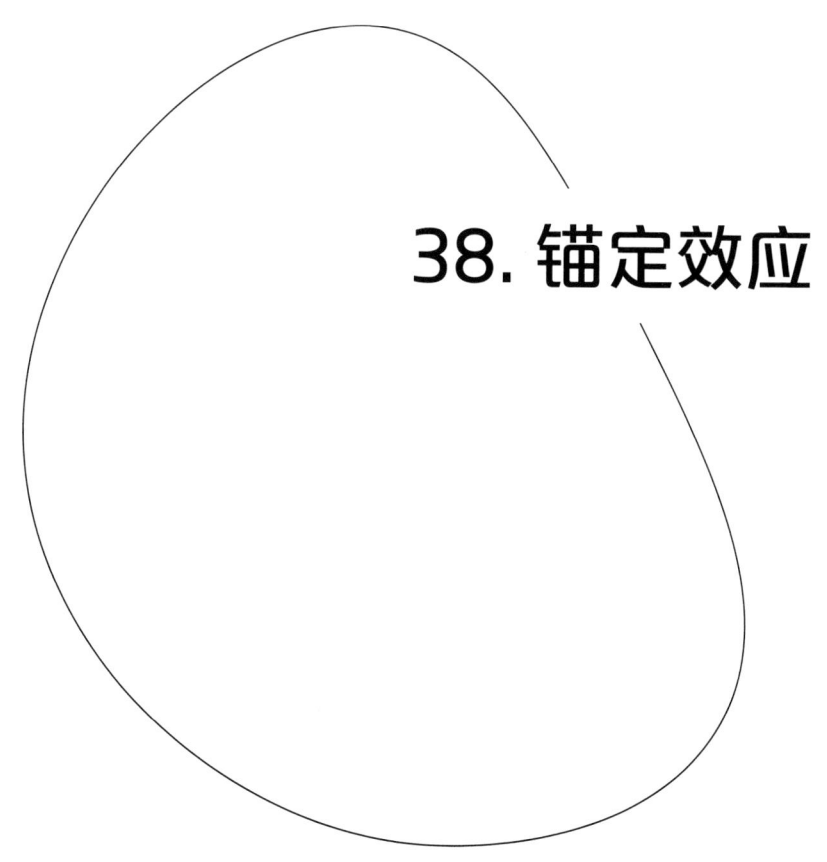

38. 锚定效应

误解 | 在做出选择或决定价值之前,你理性地分析了所有的相关因素。

真相 | 你的第一个感知一直停留在你的脑海里,影响着你之后的感知和决定。

38. 锚定效应

你走进一家服装店，看到的可能是你见过的最有挑战的皮夹克。你试着穿上它，照着镜子，然后决定你必须买下它。你甚至可以想象出，每次当你穿着这件衣服走进一个房间或者穿过一条街道的时候，旁观者会被这件衣服惊艳到紧紧捂住他们的胸口，大口喘气。你抬起皮夹克的袖子看了价格——1000美元。

"哦，还是算了吧。"当你要走回挂衣架的时候，一位销售人员拦住了你。

"你喜欢它吗？"

"我很喜欢，但是这件夹克太贵了。"

"不，那件夹克现在在打折，特价400美元。"

那件皮夹克很贵，而且你并不是真的需要它，但是少花600美元的价格买到一件皮夹克，这似乎非常划算，因为穿上这件衣服让你感觉非常帅气。于是你就把它买下来了，却不知道你已经被这个行业最古老的零售骗局给欺骗了。

我的第一份工作就是卖皮衣，我依靠"锚定效应"来赚取佣金。每一次，我都清楚地意识到，我所在的公司把价格抬高到不切实际的极端。然而，每次当人们听到售价时，他们都笑了，开始与自己的清醒作斗争。

你期望支付的价格是从何而来的？

请你回答这个问题：乌兹别克斯坦的人口是大于还是小于1200万？

猜猜吧。

好啦。还有另外一个问题，你认为乌兹别克斯坦现在的人口是多少？

想出一个数字，记在脑子里。在阅读完几段文字后，我们还会回到这个话题上来。

1974年，阿莫斯·特沃斯基（Amos Tversky）和丹尼尔·卡尼曼（Daniel Kahneman）进行了一项研究。他们让受试者估计非洲国家占联合国国家总数的百分比。他们首先转动了一个抓阄轮盘。轮盘上写有从0到100的数字，但是轮盘的箭头总是指向10或者65这两个数字。当箭头停止旋转时，他们让参与实验的人回答，他们认为非洲国家占联合国国家的百分比是高于还是低于箭头上所指的数字。然后他们让人们估计他们认为非洲国家占联合国国家总数的百分比是多少。他们发现，在实验的前半部分轮盘箭头停在数字10的受试者，估计那些非洲国家所占的比例大约是25%，而在实验的前半部分轮盘箭头停在数字65的受试者，估计那些非洲国家所占的比例大约是45%。

实验中的受试者受到了"锚定效应"的影响。

这个实验的要点是：受试者中没有人知道真正的答案是什么。他们必须做出猜测，但又感觉自己不像是在猜测。据他们所知，轮盘是一个随机数发生器。但是，他们还是会选择基于这个随机数来进行猜测。

那么我们再回到乌兹别克斯坦人口的问题上来。你可能已经忘记了那些中亚国家的人口数字。你需要一些线索，需要一个参考点。你搜索你的记忆储备，想寻找一些关于乌兹别克斯坦的有价值的信息——国土面积、语言、《波特拉》（美国福克斯公司出品的一个恶俗喜剧片，内有歧视乌兹别克斯坦的歌）——但是你的脑子里还是无法出现人口数字。你脑子里想的是我给你的数字，1200万，就在你眼前。当你没有其他有效的事情可做时，你就会专注于手头的信息。

乌兹别克斯坦的人口大约有2800万。你的答案和这个数字差多少？如果你和大多数人一样，你所估计出来的数字就太少了。你可能认为这个数字会超过1200万，但少于2800万。

你每天都会依靠锚定来预测事件的结果，来估计某件事要花费多少时间或者要花费多少钱。当你需要在选项之间进行选择，或者评估价值时，你需要一个立足点。你应该付多少有线电视费呢？你每月的电费应该是多少？这个街区的房租便宜多少？你需要一个可以比较的参照点，当有人试图向你推销某样东西时，他们会非常乐意提供一个参照点。问题是，就算你知道这是一个锚，你也无法忽视它。

当你购买汽车时,你知道这并不是一个完全诚实的交易。他们可以向你收取的实际价格肯定低于他们在橱窗贴纸上标记的价格,但那个锚定的价格仍然会影响你的决定。当你检查汽车时,你不会考虑那个公司有多少家工厂,拥有多少员工。你不必仔细研究工程图或利润报告。你不会考虑铁的价格,也不考虑制造商在安全测试上的高额投资。你愿意支付的价格与这些考虑因素无关,因为这些信息离你很远,就像是乌兹别克斯坦人口一样远。即使你在网上做了一些调查,你也不能确切知道这辆车真正值多少钱,相反,你参考的重点是制造商的建议零售价,无论它是多么不切合现实,你都无法摆脱它。任何的讨价还价都必须从这个锚点开始。

"锚定效应"也可能在不事先通知的情况下悄然出现。2006年,德拉仁·普雷莱克(Drazen Prelec)和丹·艾瑞利(Dan Ariely)在麻省理工学院进行了一项实验,他们让学生们在一个奇特的拍卖会上投标。研究人员会拿起一瓶酒,或者一本教科书,或者一个无线跟踪球,详细描述它有多棒。然后每个学生必须写下他们自己社会安全号码的最后两位数字,把他们当作那件物品的价格。如果最后两位数字是11,那么一瓶葡萄酒的价格就是11美元。如果这两个数字是88,那么无线跟踪球就是88美元。学生们在写下这个假定的价格之后,就开始出价。果然,"锚定效应"扰乱了他们判断物品价值的能力。社会安全号码大的人出价比社会安全号码小的人出价高出346%。数字在80到99之间的人平均出价26美元来购买轨迹球,而数字在00到19之间的人出价大约是9美元。学生之前写下的数字是随机产生的,与物品的价格毫不相关。任何数字都可以作为锚。

拍卖实验人员还进行了另一项研究,他们让受试者听恼人的噪声来赚钱。一开始,研究人员提出受试者听到一声电子用品发出的刺耳声音,就会得到90美分或10美分。然后他们问受试者,如果想让他们再次听到这种声音,最少要给他(她)支付多少钱。之前得到过10美分的受试者说他们大概需要33美分才能继续;而之前得到过90美分的受试者说他们大概需要73美分左右才会继续。

他们又以其他方式重复了这个实验,但无论他们如何改变噪声或报酬,那些第一次得到较低报酬的受试者提出的要价始终比那些第一次得到较高报酬的受试者要低。那些最初得到较高报酬的受试者都不肯接受较低的报酬。

如果你开上了高级轿车，住进了大房子，用上了高级电脑或者昂贵的智能手机，你就被锚定了，你都会发现：此后你很难再去使用低档的东西，即使你应该这样做。那些购买了昂贵钱包的人知道自己被骗了，至少在某种程度上感觉不值。但这种"锚定效应"仍会影响到你的银行存款数额。一个标价800美元的路易威登（Louis Vuitton）手袋比一个25美元的沃尔玛（Wal-Mart）手袋好用吗？不，即使它是用长颈鹿皮革手工缝制的，而且是由真正的、神奇的小妖精缝制的，它也只是个钱包。路易威登（Louis Vuitton）的包很贵，而这本身就具有社会价值。人们仍然购买它们，并且非常乐于完成这样的交易。如果沃尔玛以800美元的价格出售一个钱包，这个钱包估计永远都不会卖出去。这个售价已经大大超过了沃尔玛之前抛下的锚，所以这种要价似乎是很高了。

像大多数心理现象一样，锚定效应可以用来操纵人们去做好事。最好的例子是1975年由卡塔兰、刘易斯、文森特和惠勒（Katalan, Lewis, Vincent, Wheeler）进行的一项研究，他们要求一组大学生是否愿意在每周做两个小时的夏令营顾问志愿者，为期两年。他们都说不愿意。研究人员随后询问他们是否愿意去监管一次两个小时的旅行。结果一半的学生选择了愿意。如果不告诉学生们他们要承担两年的志愿服务，只有17%的学生愿意去监管两个小时的旅行。

如果你曾经参加过谈判，请记住以上这项研究——尽量提高你的最初要求。你必须从某个地方开始，你最初的决定或算计都会对接下来的所有选择产生极大的影响，即使选择如瀑布般倾泻而出，但都不会超出你之前抛下的锚的范围。你每天做的许多选择都是你之前决定的演化，你会沿着你从前开创的道路前行，就像坐在一辆挑选出来的马车沿着土路上铺设的沟渠行进。外部锚点，比如销售前的价格或荒谬的要求，是显而易见的，也是可以避免的。内部锚点，是你自我产生的锚，却是不那么容易绕过。你每天浏览同样的网站，吃的早餐也基本一样。当你需要买新的猫食或者把你的车拿去修理的时候，你有你的爱好。到了选举的时候，你大概已经知道你自己会选谁，不会选谁。这些选择都是可以预见的，你应当问一下，使你做出这些选择的驱动力是什么？过往的锚是否在支配着你当前的决定？

当你花钱的时候，要明白交易的另一方认为你不够聪明，他们告诉你你可以省下多少钱的时候，他们其实就是在利用"锚定效应"。

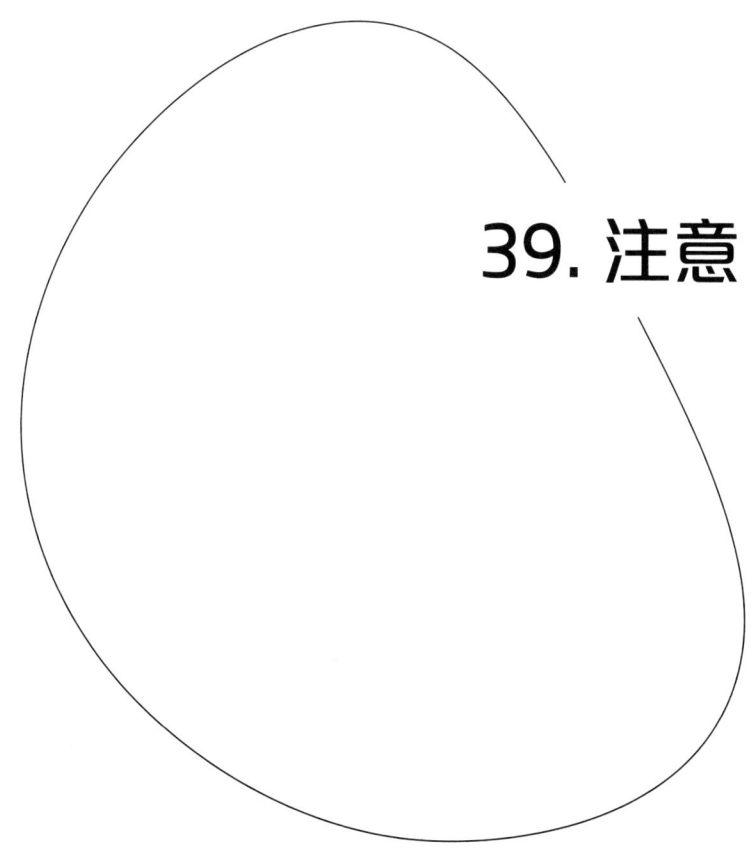

39. 注意

误解 | 你看到眼前发生的一切,就会像照相机一样接收了所有的信息。

真相 | 你只意识到你眼睛所接收到的全部信息中的一小部分,而被你的意识头脑处理和记忆的信息则更少。

回想一下你最近一次在拥挤的聚会或夜总会里与人交谈的情景。坐在角落里的人在跳鬼步舞，女孩像感觉热一样脱下衣服，到处弥漫着低成本的电子舞曲的节奏——当你竭力想听清楚对方的话语，想象着他（她）所描述的爱尔兰之旅，这一切都消失在了背景中。房间里还是非常嘈杂，但在你的头脑里，一切事情都变了。当你把注意力集中在一件事上时，其他一切都变得模糊了。

在科幻电影中，如《少数派报告》和《末世纪暴潮》里，人们的记忆通常可以被描绘成短片回放给其他人看。照相机捕捉动作的方式就是记忆回放的方式，但这不是你看到和记住生活中的场景的方式。在工作中，在城市里，在看电视的时候，你总是会忽视声音，把你不感兴趣的音量调小——但是当你观看东西的时候，你却不会有意识地这么做。当你从众多声音中挑出一个声音时，剩下的声音不仅会被削弱：大部分的记忆从你的脑海中溜走了，而没有进入你的记忆。当涉及声音时，你很容易接受这一点，但是，你用眼球获得的信息也会出现同样的情况。你所关注的事物创造了你对现实的即时感知。其他一切都消失了或者变得模糊不清了。

你看到的不仅是你注意的事物，随着时间的推移，你越来越习惯于看到自己熟悉的环境，一切都融入了背景之中。那些该死的钥匙在哪儿？你不是把它们放在这里了吗？哦，老兄，你要迟到了。你怎么能在自己家里弄丢了钥匙呢？毫无疑问，你弄丢了钱包、电话之类的东西，然后却发现它就在眼前。你翻遍了所有的东西，想知道为什么你的智商下降了30个百分点。

心理学家把这种对明明就在眼前的信息视而不见的现象称为"疏忽性失明"。你自信地相信，你的眼睛捕捉到了眼前的一切，而你的记忆就是这些捕捉到的影像的记录版本。但事实是，你在任何时刻都只能看到你周围环境的一小部分。你的注意力就像一盏聚光灯，只有世界被照亮的部分才能出现在你的感知中。

心理学家丹尼尔·西蒙斯（Daniel Simons）和克里斯托弗·察布里斯（Christopher Chabris）在1999年证明了这一点。他们把学生分成两队，来回传递一个篮球。一半学生身穿白衬衫，另一半学生身穿黑衬衫。西蒙斯和察布里斯录下了学生们动作的视频，然后在实验室里给实验对象看。在视频开始之前，他们要求受试者数一数篮球从一个人传给另一个人来回传递的次数。如果你想亲自尝试一下，他们已经把视频上传到了互联网上，网址是www.theinvisiblegorilla.com。如果你不想让我破坏你的实验，你应该在阅读之前先去看看那段录像再来继续阅读这本书。大多数人都能毫不费力地得到答案，因为他们紧张地盯着录像看，整个过程几乎没有眨眼。然后，研究人员询问受试者是否注意到动作中有任何异常。大多数受试者说他们没有发现。受试者没有注意到的是一个穿着大猩猩服装的女人，她走到球员中间，对着镜头挥手，然后随意地走出镜头。当人们被问及他们能回忆起什么时，他们可以描述游戏背景，参与游戏者的外貌，动作的强度，但大约一半的人根本没有记住大猩猩。

西蒙斯和察布里斯的研究表明，视野狭窄是生活中的现实——这是你的默认设置。在他们的研究中，他们指出，当你在电影院寻找座位时，你往往会忽视熟人，你也常常注意不到别人换了新发型。你的感知是建立在你所关注的事物之上的。在大猩猩的实验中，如果只是让人们毫无期待地观看视频，他们更有可能看到这个奇怪的入侵者，但这并不能保证他们会看到它。当你集中注意力的时候，你的视野会缩小到一个钥匙孔式的世界观，但是当你放松的时候，你的视野也不会扩大到包罗万象。你通常忽略了视觉周围的事物或者转而想其他的事情。当你身处于小世界里时，不知道自己为什么走进来的时候，你就站在那里，像个刚睡醒的梦游者一样眨着眼睛，因为在很多时候，当你的注意力魔咒被打破的时候，你就是这样的。

疏忽性失明的问题不在于它是否频繁发生，而在于你不相信它会发生。相反，你相信你看到的是整个世界。在任何情况下，目击者或近距离观察都是关键，你倾向于相信自己有完美的感知和回忆，这导致你在判断自己和他人的想法时出现偏差。人的眼睛不是摄像机，形成的记忆也不是如实录像。

与"疏忽性失明"相伴的是"变化盲视"。大脑无法处理来自眼睛的全部信息，所以为了简单起见，你每时每刻的体验都会被编辑处理。"变化盲视"会让你注意不到你周围的事物发生了巨大的变化。当你体验的现实是大脑根据你的感官输入而产生的一种虚拟体验，你不会从这些输入中得到原始的数据，而是经过了编辑的版本。

在西蒙斯和察布里斯所做的另一项实验中，受试者必须先找到一个人并签署一份同意书，然后再参加他们认为的真正的实验。那人站在一张高高的桌子后面，桌子像极了旅馆里入住的登记台。受试者签订了协议之后，桌子后面的那个人就钻到桌子下面把表格放好。另外一个人从桌子后面站起来，递给他们一袋信息包。75%的受试者没有意识到桌子后面的人已经换了。他们可以不假思索地回忆起房间的样子以及跟其他人的互动，但是对桌子后面那个人的记忆却只是一种印象，是一种大致的轮廓。他们的大脑记录的是一个年轻的白人男性，仅此而已。受试者没有把更多的注意力放在桌子后面的人，所以对他的记忆也就不清楚了。他换了一个人的事实并没有引起受试者的关注。

在其他的实验中，西蒙斯和察布里斯向受试者放映了一段录像，这段录像是用两组独立镜头拍摄的两位女演员在餐桌上交谈的场景。在这段录像中，受试者先看到了一位女演员，然后当另一位女演员说话时，镜头转向了她。在这些镜头转换之间，场景中的9个地方发生了变化。盘子的颜色从白色变成红色，桌上的食物出现继而又消失了，甚至衣服也随着镜头从一个角度切换到另一个角度而发生了改变。当被问及受试者是否注意到这些变化时，大多数人都不记得有任何变化。当实验者要求受试者特别关注并寻找差异时，平均来说，九个变化中只有两个被受试者捕捉到了。实验者再次进行实验，但这一次在第一个镜头里有一个演员听到了电话铃响，而在下一个镜头中是由第二个演员来接听电话。观看这段视频的受试者，只有33%的人注意到了两个镜头中的人换掉了。

魔术师的职业生涯就是围绕着"感知盲点"展开的。魔术师只需要借助一点点的误导就能掩盖你视野中出现的变化。你相信当一些意想不到的事情发生时，你大脑中的"保安"会打翻咖啡，然后打电话给老板，但是你的大脑中没有保安，更没有什么老板。魔术师知道你的大脑不是眼睛的被动接受器。相反，是你自己在选择去感知什么。在你一边开车一边打电话时，你忽视了周围世界中多少东西？研究结果表明，你即使睁大眼睛，也看不到即将穿过你面前那条路的汽车、自行车或者一头鹿。

20世纪70年代末，美国宇航局（NASA）的理查德·海恩斯（Richard Haines）曾在商用客机上测试抬头显示器。他的研究表明，即使在你的感官处于警觉状态时，意外出现的事物也不会立即引起你的注意。抬头显示器是一组半透明的发光图像，看起来好像飘浮在飞行员和驾驶舱挡风玻璃之间。该显示屏的目的是让飞行员一直盯着挡风玻璃，而不把注意力转移到下面的控制面板上。他在一个飞行模拟器中测试了这种显示器，让飞行员在模拟器的帮助下练习着陆。他发现，当它被打开时，飞行员需要花费更长的时间才能看到跑道上的另一架飞机，有些人甚至完全错过了它。飞行员对这项新技术投入了太多精力，他们错过了一些以前很难被忽视的东西。这项旨在帮助他们的技术实际上却害了他们。你的注意力越集中，你就越不大可能发现一些不寻常的事情，即使在生命可能受到威胁的时候，你也不大可能看到它。

密歇根大学（University of Michigan）的理查德·尼斯贝特（Richard Nisbett）和哈娜·蔡美儿（Hanna-Faye Chua）在2005年的一项研究中发现了一个奇怪的转折。他们向在西方文化中长大的受试者和来自东亚文化的受试者展示了一组照片，照片上的人在有趣的背景前做一系列动作。当他们跟踪受试者的眼球运动时，发现西方的受试者大多会忽略背景，专注于焦点对象上，而亚洲的受试者则什么都看。如果图像是一架飞过山脉的喷气式飞机，西方受试者的眼睛会更快地发现飞机，然后花更多的时间注视它。阿尔伯塔大学（University of Alberta）也进行了类似的实验，实验者让西方人和日本人观看一些漫画，画面上有一个角色处在前景，有四个角色处在背景处。这项研究表明，日本人花了15秒的时间观看背景人物，而西方人只花了5秒的时间观看背景人物。对文化认知的研究是一项新的研究，但这些研究表明，西方文化对语境的关注较少，更多关注注意力的中心，这意味着西方人可能更容易受到"变化盲视"和"疏忽性失明"的影响。

你头脑外面的世界和你头脑里面的世界是不一样的。从你的感官流入意识的信息不仅受到你的注意力的限制，而且在它到达意识之前也被编辑过。一旦进入了意识之后，它就像颜料一样与所有其他思想和感知一起在你的大脑里旋转。你感受世界的方式，你成长的文化，你手头要完成的任务，眼花缭乱的技术和社会——这些东西共同创造了一个由视觉颗粒构成的、忙碌的视觉世界。你的脑海里只会浮现出其中的一小部分。尽管如此，人类活动和发明的大马戏团仍在继续。你选择观看的东西，比你意识到的东西更多，然后你形成了信念，而不会考虑到自己的选择性视觉。除了在重要的时候做出明智的选择外，你别无他法。当你在开车时戴着无线耳机，或者在公共场所看书时，不要太相信自己的感觉。意料之外的事情不一定能让你从白日梦中清醒过来。

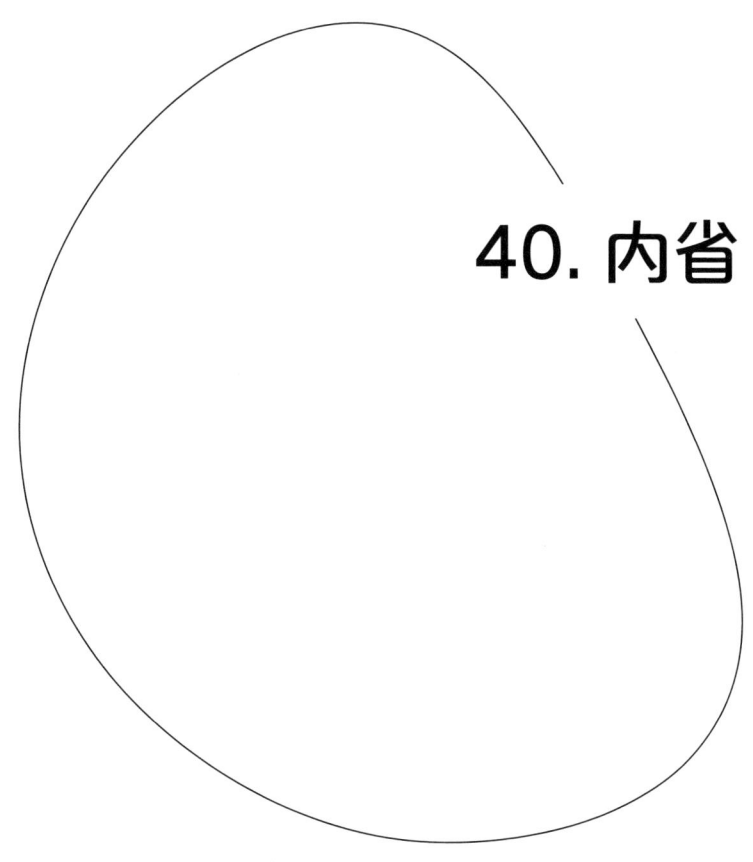

40. 内省

误解 | 你知道为什么你喜欢某些东西,为什么会产生某种感情。

真相 | 你并不知道某些情感状态的起源,当你被要求解释它们时,你只会编造一些理由。

40. 内省

想象一幅被世界公认的美丽的画，就像梵高的《星空》那样的油画。现在，试想你要写一篇文章，解释一下它为什么那么受欢迎。去写吧，想出一个合理的解释。不，不要总是读书。试试看吧。解释一下为什么梵高的作品如此伟大。

你有没有一首喜欢的歌，或者一张照片？也许有那么一部你多年来一直想看的电影，或者一本书。那就想象一下你最喜欢的事情。现在，试着用一句话来解释你为什么对它情有独钟。很有可能，你会发现很难用语言来表达这种喜爱之情的缘由，但如果你坚持一定要做出解释，你可能会编出一些理由。

问题是，根据研究结果，你的解释可能完全是胡扯。弗吉尼亚大学的心理学教授蒂姆·威尔逊（Timothy Decamp）在1990年用海报试验测试并证明了这一点。他把一群学生领进一个房间，给他们看了一系列的海报。学生们被告知，他们可以拿走其中任何他们想要的礼物，并保留起来。然后他把另一组人带进来，告诉他们同样的事情，但这次他们必须在选择之前解释他们为什么想要他们选中的海报。六个月之后，他问这两组人对他们半年前的选择有什么看法。第一组学生，也就是那些拿着海报离开的学生表示，他们都喜欢自己的选择。第二组，那些必须写出选择缘由的学生表示，他们讨厌他们半年前的选择。第一组学生，即"拿起就走"的学生，通常会挑选一幅漂亮、别致的画。第二组，也就是必须对他们的选择做出解释的那组，通常会选择一张鼓舞人心的海报，画上有一只抓着绳子的猫。

根据威尔逊的观点，当你要做出一个决定，而这个决定必须让你思考你选择某件东西的缘由时，你开始把你的情感大脑的音量调低，把你的逻辑大脑的音量调高。你开始在大脑中列出利弊，如果跟着直觉走，你永远也不会想到这些。正如威尔逊在他的研究中指出的那样，"形成偏好类似于骑自行车，我们可以很容易地做这件事，但是解释这件事情是如何做的却并不那么容易"。

在威尔逊的研究发布之前，人们普遍认为深思熟虑是件好事，但他却向世人证明，内省的行为有时会让你做出一些决定，这些决定在虚拟的答卷上看起来不错，但却让你缺乏情感。威尔逊知道之前在美国肯特州立大学的研究表明，对自己抑郁的沉思会让你更加抑郁，但分心不去理会往日的郁闷会改善情绪。有时候，自省只会适得其反。对内省的研究向整个艺术批判分析行业提出了质疑——电子游戏、音乐、电影、诗歌、文学——所有这些都包括其中。它还让焦点小组和市场分析等事情看起来过少关注被判断事物的本质，而更多地关注做判断的人做出的用以解释其情感的合理解释。当人们被问起为什么他们喜欢或者不喜欢做某件事情时，他们一定会把来自他们内心深处的、情感上的、最原始的部分转化成更高层次的、逻辑上的、理性的单词、句子和段落的语言。而这里的问题是，那些大脑深处可能是无法企及，也是无意识的。意识所能感知的事物可能与你的偏好没有太大关系。事后，当你试图证明你的决定或情感依恋是正确的时候，你开始担心你的解释事关你的个人品质，而这进一步破坏了你内心叙述的正确性。

在海报实验中，大多数人确实更喜欢那幅漂亮、别致的画，而不是那幅画有猫的鼓舞人心的画，但他们对自己的选择想不出合理的解释，至少落在文字上时是说不通的。另外，你可以写出各种关于励志海报的废话，因为那种海报具有明确的和具体的目的。

威尔逊还做了另一项实验，他向受试者展示了两张小照片，照片上是两个不同的人，然后问受试者哪一个人更有吸引力。然后他又递给受试者一张更大的照片，并告知他们大照片上的人就是他们选出的人，但实际上是一个完全不同的人。他问受试者为什么选择那张照片上的人。每一次，受试者都会尽职地编造一个故事来解释他们的选择。受试者之前从未见过这张照片，但这并没有给他们解释为什么选择这张照片的理由增加任何难度。

威尔逊做的另一个实验是让受试者对果酱的质量打分。他把五种果酱摆在受试者面前，这五种果酱在之前被《消费者报告》分别评为市场最佳果酱的第1位、第

11位、第24位、第32位和第44位。其中一组受试者品尝了果酱，并按照自己的想法对果酱进行了排名。另一组受试者被要求在品尝果酱后，必须写出自己喜欢或者不喜欢某一种果酱的原因。与那些参加海报实验的受试者一样，那些不需要解释选择缘由的人对《消费者报告》中评出的最佳果酱大加赞赏。而被要求反思喜好缘由的人对果酱的评定却各有不同，他们的偏好也有所不同。味道是很难量化和用语言表达的，所以解释者会关注其他方面，如质地、颜色或黏稠度等。而这些因素对那些无须解释自己口味选择的受试者并没有产生多大影响。

相信你自己了解你的动机和欲望，以及你的好恶，这都被称为"内省错觉"。你相信你了解你自己，知道你为什么成了现在的你，也知道如何成了现在的你。你相信这些认识会告诉你在未来的各种情况下如何做出选择。但是，研究结果证实并非如此。一次次的实验表明，内省不是探索你内心最深处的心智结构的行为，而是一种捏造事实的活动。在回顾自己做过的某件事情，或者回忆自己过去的感觉时，你会编造出一些你认为合理可信的解释。如果你不得不向他人解释原因，你就会编造出一些让他们感觉合理可信的解释。当你解释你自己的好恶时，你就不那么聪明了，因为解释自己的好恶这个行为本身就会改变你的态度。

在这个拥有"推特""脸书"和博客的新时代，几乎每个人都在传播他们对艺术的好恶。看看人们对电影《阿凡达》和《迷失》反复做出的尖酸刻薄的批评和赞美，你就了解一二了。当电影《泰坦尼克号》获得奥斯卡奖时，有些人说它可能是有史以来最伟大的电影。现在，人们却说，这部电影虽然很好，但让人伤感；虽然它是一部制作精良的电影，但戏剧性过于明显。那么，等到一百年之后，人们又会如何评价这部影片呢？

我们现在所认为的许多经典著作，在当时都受到了批判性的批判。这是一种明智的做法。例如，在1851年有一位评论家曾经这样描述长篇小说《白鲸》(*Moby Dick*)：

这部小说把浪漫和纪实拙劣地混合在一起。在创作的过程中，作者曾多次努力使得故事连贯、关联，但是到头来却没有如愿。他的故事风格被疯狂而非糟糕的英语弄得面目全非；小说对灾难的描述是仓促的，虚弱的，模糊的。对于这本荒谬的书，我们也无须做更多的评论或推荐。梅尔维尔先生描述的恐惧以及他的英雄主义如果被普通读者嗤之以鼻，这也只能怪他自己，因为这部书属于最差劲的混论文学学派——因为他蔑视一切，不屑于学习艺术家的写作技巧。

——亨利·F.查利，伦敦《雅典娜神庙》报

这本书现在被认为是少数几部伟大的美国小说之一，被称为是有史以来最好的文学作品之一。但很有可能，没有人能真正解释其中的原因。

41. 自我障碍

误解 | 你所做的一切都是为了成功。

真相 | 你经常提前为失败创造借口,以保护你的自尊。

41. 自我障碍

你可能认识某个似乎一直疾病缠身的人。也许那个人就是你,但我们假设那个人不是你。这个人是个忧郁症患者,总是抱怨自己发冷或发烧、胃部不舒服,或者背痛。对于那些习惯性认为自己身体不好的人来说,这样做有很多好处。一个真正的忧郁症患者会像花朵吸收阳光一样吸收同理心,但真正的回报是发生在生活变得太艰难的时候。当一个项目或一项义务似乎难以处理时,忧郁症患者就会很容易变成病人,从而避免失败的风险。

像大多数异常行为一样,忧郁症只是一个极端的版本,每个人有时都会想到或者感觉到它。每个人都会感到沮丧,就像每个人都会偶尔痴迷于清洁他们的环境一样。重度忧郁症和强迫症把那些正常的倾向放大成无法控制的变异体。你和忧郁症患者一样,都倾向于不自觉地提前编造好借口。

你时不时会遇到一个项目,它看起来是如此的庞大,具有挑战性,你开始怀疑自己取得成功的能力。它可以是像写一本书或导演一部大电影那样的史诗巨作,也可以是像通过期末考试或向你的公司老板发表重要演讲这样更平淡无奇的事情。当然,只要有可能失败,你的脑海里就会浮现出一些疑虑。有时,当你对失败的恐惧非常强烈时,你会使用心理学家所说的"自我障碍"的方法来改变你未来情感状态的进程。"自我障碍"是一种对现实的妥协,是一种对你和他人感知的消极认识的无意识操纵,旨在保护自我。就像它的孪生现象"酸葡萄心理"一样,你假装你不想要你得不到的东西。它也像另一种孪生现象"甜柠檬心理",那种心理让你说服自己,让你感觉不愉快的事情其实并不是那么糟糕。"自我障碍"是心理学家所说的预期合理化。"自我障碍"行为是对未来现实的一种投资,在这种现实中,你可以把失败归咎于其他原因,而不是自己的能力。

就像这本书里的许多话题一样,"自我障碍"行为都是为了保持你最看重的自尊的强大和弹性。如果你总是把失败归咎于外在的力量，而不是内在的力量，那么，谁能说你真的失败了呢？

1978年，心理学家史蒂文·伯格拉斯（Steven Berglas）和爱德华·E.琼斯（Edward E. Jones）首次对"自我障碍"进行了研究。在他们的研究中，他们让学生完成难度较大的测试，然后告诉学生：他们都取得了非常好的成绩（无论他们的真实表现如何）。他们假设这些学生已经提升了自我形象。如果有机会，他们就会选择保护他们的自我。当他们在第二次测试前向学生提供机会，让学生在测试前选择服用药物，一种能抑制表现，另一种能增强表现，大多数学生都服用了抑制表现的药物。当然，药物是假的，但是学生选择的行为是真实的。伯格拉斯和琼斯后来说，他们的研究显示，当你成功但不知道取得成功的原因时，你会怀疑自己是否真的有能力成功。日后能力测试提出之后，受试者对失败的恐惧也增加了。与其在失败出现之后才去找借口，还不如事先编造一些借口，为失败找理由，让理由更可信。

你可能会穿着不得体的衣服去面试，或者在《马里奥赛车》中表现得非常糟糕，或者在工作前通宵喝酒了——如果这些行为让你失败了，情有可原。如果成功了，你就可以说尽管困难重重，你还是成功了。如果你达不到目标，你可以把失败归咎于那些导致你失败的事件，而不是因为你自己的无能或者自身缺点。

澳大利亚新南威尔士大学的亚当·奥尔特（Adam Alter）和约瑟夫·福加斯（Joseph Forgas）在2006年发现，你的情绪是你何时进入"自我障碍"的一个强有力的预测器，但不是以你所想的方式出现的。他们对受试者进行口语能力语言测试，并把他们分成两组。第一组受试者被告知他们表现得非常好，另一组受试者被告知表现得很糟糕。受试者的实际得分并不重要，因为实验者只是对提升他们的自尊心感兴趣。在引导其中一组人形成积极的自我形象之后，他们给其中一组人看了一些视频，这些视频可以让他们有一个好心情，也可以让他们有一个坏心情。一部是英国喜剧，另一部是关于癌症的纪录片。在这之后，受试者被告知他们将参加另一项测试，但首先他们要在两种不同的茶饮料中做出选择，一种会让他们昏昏欲睡，另一种会让他们清醒一点。这是研究的关键点。那些常常"自我障碍"的人在悲伤时刻会更容易"自我障碍"吗？其实并非如此。反倒是心情好的人更容易"自我障碍"。那些观看了喜剧并在第一次测试中表现良好的人中有65%的人选择了令他们心情平静的茶饮料。那些表现良好并观看了令人沮丧的纪录片的受试者中，有34%的人选择了令他们心情平静的茶饮料。为了支持他们的发现，研究人员又以几种不同的方式进行了实验，通过增加和减少实验中的变量，以确保实验对象确实产生了"自我障碍"。最终，奥尔特和福加斯得出结论，你越快乐，你就越有可能自欺，让自己对生活和自己的能力保持乐观的态度；而心情悲伤的人却似乎对自己更加诚实。

你的自我意识，你的身份，是你一直在追求的东西。当你把你在外部世界的表现看作是你个性中不可分割的一部分时，你更有可能设置"自我障碍"。心理学家菲利普·津巴多（Phillip Zombardo）在1984年接受《纽约时报》采访时说："有些人把自己的全部身份都押在了自己的行为上，所以他们的态度是'如果你批评我做的任何事，你就是在批评我。'"他们以自我为中心，这意味着他们不敢冒失败的风险，因为失败是对他们自我的毁灭性的打击。

在这项研究和其他许多研究中，男性往往比女性更容易产生"自我障碍"。其中的原因尚不清楚。也许男性感受到了来自社会的更多的压力，社会对男性能力的期待更高，或者也许男性更可能将外部任务的成功与内在的价值感联系起来。尽管原因尚不清楚，但趋势是非常明显的。男性比女性更多地使用"自我障碍"来减轻他们对失败的恐惧。

无论何时，当你冒险进入未知的领域，认为失败的可能性会很大时，每当你找到一种把可能的失败归咎于你无法控制的力量的新方法，你的焦虑就会降低。下一次你面对挑战时，要记住你其实没有那么聪明。那么从现在开始着手准备迎接下一次挑战吧。

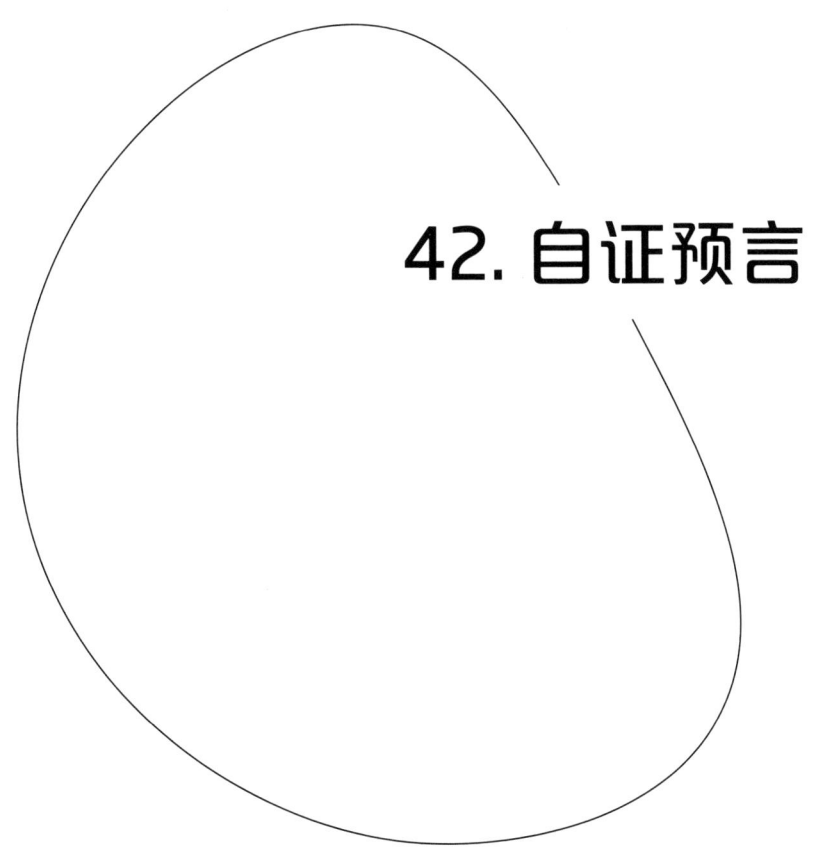

42. 自证预言

误解 | 对未来的预测会受制于你无法控制的力量的影响。

真相 | 如果一个事件的发生取决于人类的行为,那么仅仅通过相信它会在未来发生就会导致它的发生。

42. 自证预言

"自证预言"这个概念,可以追溯到所有人类文化中讲故事和叙事小说的历史,但它并非虚构的。

研究表明,你很容易受到这种现象的影响,因为你总是试图预测别人的行为。未来是行动的结果,行动是行为的结果,行为是预测的结果。这叫作"托马斯定理"。1928年,社会学家威廉·艾萨克·托马斯(W. I. Thomas)假设,如果人们把情况定义为真实的,那么其结果也将成为真实的。托马斯注意到,当人们试图预测未来事件时,他们会对当前的事情做很多假设。如果这些假设足够强大,它们所产生的行动将促成预测的未来的实现。

关于"自证预言"最简单的例子就是关于短缺的传言。如果你相信牙膏将会短缺,你就会像其他人一样,在商店里的牙膏售罄之前去囤一些。这样一来,短缺就真的发生了。

1968年,美国社会学家罗伯特·K. 默顿(Robert K. Merton)创造了"自证预言"这个术语。据他估计,"自证预言"最初阶段总是始于正在发展的情况的错误解释。随之而来的行为假设情境是真实的,当足够多的人表现得好像某件事情是真实的,有时就能让这件事情成为现实。曾是错误的事情变成了真实的,事后看来,貌似这种事情一直都是真实的。

"自证预言"从社会大众对现实的定义中获得力量,你生活的很大部分是被社会所定义的,而不是由逻辑来定义的。一种基于逻辑的感知,比如弗格海特乐队(Foghat)卖出的专辑数量,是可以测量的。至于弗格海特乐队有多好,以及他们是否应该在美国橄榄球超级杯赛(Superbowl)的中场秀上表演,这些都是由社会决定的。如果把别人的看法转化为行动、政策和信仰,这些看法就会变成现实,因为生活中有太多东西是由行为决定的。瓶装水比自来水对你更好吗?斯纳吉袖的毯子比普通的毯子好吗？休闲西装代表了终极时尚吗？《盗梦空间》是有史以来最好看的一部电影吗？没有科学的分析作为支撑，像这样的想法可以由真到假，也可能由假到真，因为这些都是由社会定义的。它们依赖于主观感受和摇摆不定的大众信仰共识。当时的社会风潮创造了一个独立的现实，这种现实与月食和圆的半径等事物的现实是不同的。你畅游在古今文化共有的社会观念和思想的海洋中。当这些想法变成了信念，然后这些信念变成了行动，现实中符合逻辑和可被测量的一面就会随之改变。

心理学家克劳德·斯蒂尔（Claude Steele）和乔舒亚·阿伦森（Johua Aronson）在1995年进行了一项研究，他们让美国白人和黑人参加美国研究生入学考试（GRE）。GRE是许多大学用来决定是否招收研究生的一种标准化考试。这是一项综合性且有难度的考试，也是每年在学校里引起许多焦虑的根源。斯蒂尔和阿伦森告诉一半的受试者，他们正在测试他们的智力。实验者认为这会增加受试者的心理压力，而另一半受试者则没有感到那么大的心理压力。当他们得到结果时发现，不管他们是否被告知这是一个关于他们智力的测试，白人学生的表现都是一样的。然而，黑人学生在受到成见威胁的影响下，他们又认为这项测试能揭示他们真正的智力水平，所以就表现得更差。斯蒂尔和阿伦森认为，对非裔美国人负面社会印象搅乱了他们的思想。他们时刻想摆脱带有成见的刻板印象，所以他们在完成文字题和计算题时，脑子里会产生一些不受欢迎的想法，并发出噪声。而那些没有恐惧感的白人学生则更集中精力用于答题。同样的实验在不同的性别、国籍以及不同情境下重复开展。心理学家称之为"成见威胁"。当你害怕你会证实你符合一个消极的刻板印象时，它会成为一个"自证预言"，而这并不是因为那个成见印象是真的，而是因为你不停地担忧自己成为那个成见的真实案例。

这种"自证预言"，是一个感知的问题，可以很容易被升华。斯蒂尔的另一项研究测试了男性和女性的数学能力。在解答非常简单的问题时，女性和男性的表现是一样的。但是当试题上升到较高难度时候，女性的分数会比她们的男性同龄人低很多。当他们再次对新加入的受试者进行测试时，在发试卷之前，他们告诉受试者，男性和女性在这个测试中的表现往往是一样的，结果男性和女性的得分就基本持平了。女性受试者与男性受试者的表现一样好。女性不擅长数学这种刻板印象的影响就被消除了。

在社会心理学中，"自证预言"的另外一个版本被称为"贴标签理论"，它表明当人们认为你属于某一类人时，你往往会按照那些期望去行事。如果你的老师认为你很聪明，他们就会把你当成一个聪明人来对待。你会得到更多的关注和尊重。你会付出更多的努力，行动起来更有动力，积极的反馈循环会让你逐渐符合那个标签。1978年，威廉·克雷诺（William Crano）和菲利斯·梅隆（Phyllis Mellon）进行了一项实验，他们从一个小学班级中随机挑选了一组学生。学生的老师们被告知，这些随机抽取的学生在智商测试中表现优异，可能是天才儿童。当然，根本就没有什么智商测试，智商测试的结果也是虚构出来的。但是值得肯定的是，由于相信预言的老师给予了这组挑选出来的学生更多的关注，这些学生在家庭作业和考试中表现得更好。

再来想想股票市场吧。当人们预测股市会跌的时候，他们就会停止买入，开始卖出。其他人听说了卖出的消息，也会卖出。人们开始尝试预测未来，假设每个人都在卖出，他们自己也跟着卖出股票。一旦媒体开始报道这种情况，股票就会真的暴跌了。

研究表明，如果你认为某人会成为一个坏人，你会表现出敌意，从而导致他们表现得像个坏人。同样的研究表明，如果一个人认为他的伴侣不爱他，他（她）会把对方小的冒犯理解为大的伤害——这会导致一种被拒绝的感觉，使得伴侣疏远他们。这样的反馈循环会不断建立，最终使得当初的预言成真。

史蒂芬·谢尔曼（Steven Sherman）在1980年进行的一项实验中，通过电话要求两组受试者参加一次防癌宣传活动，为时3个小时。对于其中的一组受试者，研究人员只简单地询问他们是否愿意参加，结果4%的人表示愿意参加活动。而另一组受试者被问及如果收到此类活动的邀请，他们是否会出席那个活动。大多数人说他们会参加。几乎所有受试者都出席了那场活动。第二组对自己的人品做了一个假设，一旦他们把自己描绘成是某一种类型的人，他们就会选择遵从这个人设，否则就会有认知失调的风险。

当涉及信仰时，你其实没有那么聪明。被你认为是真实的事情，只要经过足够时间的积累，最后就会变成现实。如果你想要得到一份更好的工作，一段更好的婚姻，成为一个更好的老师，一个更好的朋友——你必须表现得符合别人期待，因为那些期待已经在指引你前行了。这不能保证你会得到预期的变化，但总比毫无变化好得多。关键在于：一个消极的观点会导致消极的预测，你会开始无意识地利用你的环境来传递这些预测。

现在还不是购买《秘密》这本书的时候吧。不，你不能只是因为希望某件事是真的，然后就放之任之让它变成真的，相反的是，你可以避免相反的情况，这可能改善你的生活。

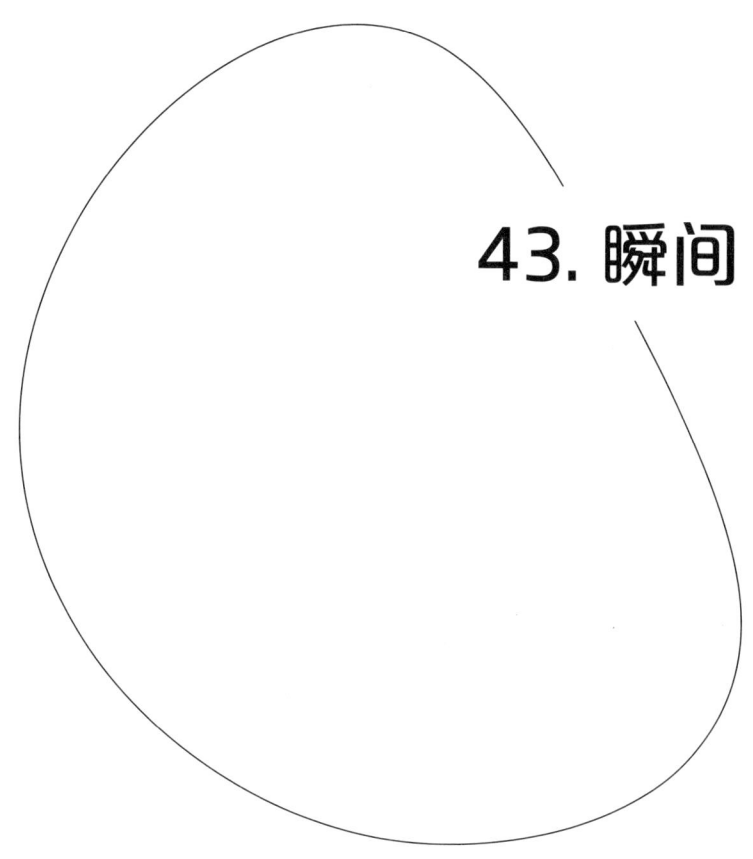

43. 瞬间

误解 | 你有一个自我,只要满足它对生活的需求,你就会感到幸福。

真相 | 你有多个自我,只有满足了所有的那些自我的需求,你才会感到幸福。

43. 瞬间

你曾经病得在床上躺了一个星期吗？你还记得那段时间发生的事情吗？大多数事情都记不起来了是吧？在你的一生中，大量的经验碎片都被抛在一边，被遗忘了。你有时会想，"现在已经是三月了吗？"或者"我已经在这里工作五年了吗？"

要理解经验和记忆之间的区别，你首先需要了解一点关于"自我"的知识。你的自我意识只是一种感觉。你把自己想象成什么样的人，就是你根据不同的情况对自己和他人讲述不同的故事，故事也会随着时间的推移而发生改变。现在，想象在你的头脑中任何时候都有两个活跃的自我是非常有用的——当前的自我和记忆的自我。当前的自我是实时体验生活的自我。它在你的感觉记忆持续大约3秒钟。大约30秒钟之后，你的短期记忆开始动摇你所有的感觉和思想。你就是这样的一个人。你品尝了冰激凌，感觉味道很好。后来，你记得你吃过那种冰激凌。然而，五年之后，你就完全忘记你自己品尝过冰激凌了。有时候，发生了一些事情，会促使你把短期记忆转化成长期记忆，但是这种情况非常少见。现在，请回想一下你吃冰激凌的场景。在对冰激凌的记忆中，有多少是真实的回忆，而不是梦境一般的模糊记忆？你能说出多少关于品尝冰激凌的故事？记忆自我是由那些已经进入长期记忆储存库里的记忆构成的。

当你在脑海中回放你的生活时，你不可能会想起所有你经历过的事情。只有经历过从经验到短期记忆再到长期记忆的事情才能被完全记住。买冰激凌不是为了建立美好的回忆。它只是让你自己愉悦几分钟而已。它只是满足当前自我。从这样的体验中获得的快乐是短暂的，转瞬即逝。

心理学家丹尼尔·卡尼曼（Daniel Kahneman）在这个问题上有诸多见解。他说，在你生活中做决定的自我通常是"记忆的自我"。它拖着"当前的自我"去追踪新的记忆，根据旧的记忆来预测它们。"当前的自我"对你的未来几乎没有任何控制力。它只能控制一些动作，比如把你的手从滚烫的炉子上移开，或者把一只脚放在另一只脚前面。偶尔，它会督促你去吃芝士汉堡，或者看恐怖电影，或者玩电子游戏。"当前的自我"在体验事物时会感到快乐。它享受动态所带来的快乐。

然而，促成你做出所有重大决定的是"记忆的自我"。当你能坐下来反思你目前的生活并感到满足时，那才是幸福的。当你向别人讲述你所看到和做过的事情时，你会很开心。卡尼曼提出了一个思维实验：想象你正准备去度假，这个假期大约两周的时间。在这个假期结束的时候，你会喝下一种药水，它会抹去你关于这两周的全部记忆。

这将如何影响你的决定？当你知道自己将根本不会记得那个假期的时候，你会选择在这两个星期中做些什么呢？你思考这个问题时的那种奇怪感觉就是"体验的自我"和"记忆的自我"之间的冲突。"体验的自我"可以很容易做出选择。性爱、滑雪、餐厅、音乐会、派对——所有这些都是为了能够在这些活动中获取快乐。"记忆的自我"却做不到那么确定。它宁愿去爱尔兰看古城堡，或者从纽约开车到洛杉矶，只是为了看看会发生什么。

卡尼曼的实验表明，你会根据两个渠道来判断自己是否快乐。当体验到美好的事情时，"当前的自我"是快乐的。当你回顾你的生活时，唤起了许多积极的回忆，"记忆的自我"是快乐的。正如卡尼曼所指出的，两周的假期可能只会产生少量的终身记忆。你会时不时地把那些记忆拉出来，用它们来让自己快乐。你花在创造这些记忆上的时间和你以后享受它们的时间之间存在着严重的不平衡。

"当前的自我"不喜欢安静地坐在小隔间里，感觉像是自己被困在笼子里。它可以选择去做一些有趣的事情。"记忆的自我"不喜欢失去建立新的记忆的机会，所以它愿意努力工作来挣钱购买食物和住所，延迟满足感。

对你和许多其他人来说，生活中充满了这两个自我之间的冲突，是关于如何最好地获取快乐的冲突。卡尼曼的研究表明，能带来快乐的不会只是当前的一种方式，也不可能只是后来的某一种方式。在当前的时间中你必须感到快乐，同时又必须创造出一些记忆，以便于你日后回忆。

为了现在感到快乐、日后感到满足，你不能只专注于实现目标，因为一旦你实现了目标，体验就结束了。要想获得真正的幸福，你必须同时满足两个自我。去买冰激凌，但是要以一种有意义的方式去做，这样可以创造一个长期的记忆。努力赚钱吧，以备以后之需，但还要以一种能在工作中带来快乐的方式去做。

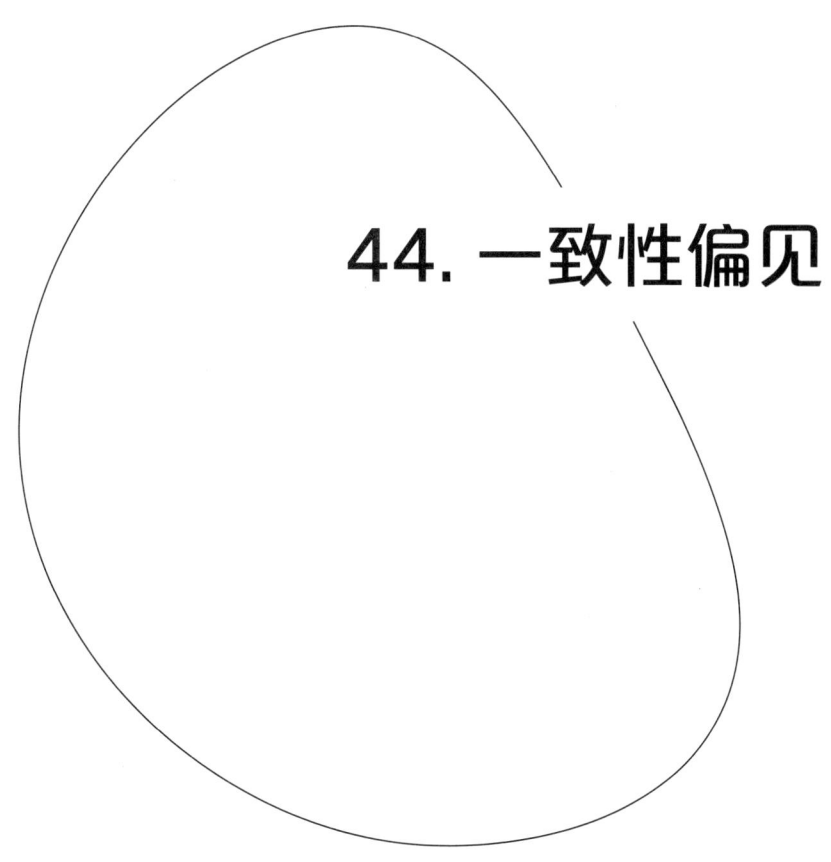

44. 一致性偏见

误解 | 你知道你的观点是如何随着时间的推移而改变的。

真相 | 除非你有意识地关注你的进展,否则你会认为你现在对事物的看法就是你一直以来的看法。

44. 一致性偏见

想象你自己上中学时的场景。那时你是什么样的人？

一些明显的事情会浮现在你的脑海里——你糟糕的发型，愚蠢的衬衫，还有那令人怀疑人生的音乐品味。你那时候真是个小呆子。

如果你当时处在一种亚文化中，当你回忆起过去的自己时可能会更痛苦。你是一个情绪摇滚小子，一个穿法兰绒衣服的垃圾摇滚迷，还是那个在你的象棋俱乐部里交换《星际迷航》(*Star Trek*) 小说的人？不管你当时喜欢什么，很可能你现在已经不喜欢了。你可能已经学会如何打理你的头发，知道了穿哪些衣服是愚蠢的，懂得了什么样的音乐对你更有益处。你已经了解了自己的政治观点、看电影的品味，也明白了真正的友谊是什么。你不费吹灰之力就能看出现在的你和当时的你有何不同，就像在翻看两张照片那样简单。不过，有些差异是很难被看出的。科学家们已经证明，当你把当前的精神世界与多年前自己的精神世界相比较时，你其实并没有那么聪明。

密歇根大学（University of Michigan）的心理学家哈泽尔·马库斯（Hazel Markus）表示，当你收到威胁自我形象的新信息时，你会迅速做出反应，重申自己的身份。心理学家从一开始就知道，自我既始终一致，又不断变化。在任何一个特定的时刻，你都在捍卫自己的信念和自省的结论，但你所捍卫的自我可以从一个社会情境转移到另一个社会情境中。正如心理学家威廉·詹姆斯（William James）在1910年所说的那样，"社会上有许多不同的自我，就有多少不同的群体，令人关注的是群体的观点"。现在，所有这些自我就像一个棱镜的许多表面，当以不同的方式转动棱镜时，就会有一个不同的自我反射出这个不同的你。"一致性偏见"使你认为：这个棱镜一直保持着现在相同的大小和形状，但它并非如此。

1986年，马库斯发表了一篇论文，展示了自我的可塑性有多强，以及你对改变有多健忘。这篇论文涵盖了20年的研究成果。早在1965年，马库斯和他的同事就收集了一群高中生和他们父母的政治观点。然后，他在1973年和1982年分别采访了那些人，看看他们的观点是否发生了变化。这些问题的涉猎范围很广，从毒品的合法化到囚犯的权利和战争的合法性不等。正如你所预料的那样，在1965年到1973年间，年轻人的态度比他们的父母的变化要大得多。总的来说，在17年的时间里，这些年轻人的态度变得更加保守。马库斯告诉我们，当你年轻的时候，你更愿意改变自己的观点。你的党派偏见还没有固化成一种个人哲学。在获得足够的生活经验后，你开始形成一种世界观，并建立你的道德观。这似乎是常识，但当他问及受试者他们过去的政治观点时，只有大约30%的人能准确地回忆起他们以前的答案。相反，他们倾向于说他们之前和现在所赞同的政治观点是一致的。例如，如果他们认为死刑是一种合法的惩罚，他们认为他们一直相信这一点，即使他们在青少年时期持有相反的观点。

1998年，特伦特大学（Trent University）的伊莱恩·沙夫（Elaine Scharfe）和西蒙·弗雷泽大学（Simon Fraser University）的金·巴塞洛缪（Kim Bartholomew）进行了同样的实验，他们要求受试者评估自己与恋人的感情幸福指数。有些受试者处于和恋人约会阶段，有些受试者处于同居阶段，有些受试者已经结婚。问卷上的问题范围从对方多久会让他们心烦到他们希望这段关系持续多久。8个月后，研究人员又向这些受试者提问了同样的问题，并让他们回忆之前的回答。那些跟伴侣关系保持不变的人大多能够记住他们之前的回答，而那些关系有所改善或有所恶化的受试者都说不清之前的回答。78%的女性受试者，87%的男性受试者都不能准确地回忆起自己之前的选择。研究中的大多数受试者都能很好地回忆起他们最初的感受，但对于那些没有成功做到的人，"一致性偏见"改变了他们的记忆，让他们看起来好像他们一直都和现在一样快乐或悲伤。

1972年，威廉姆斯学院（Williams College）的乔治·戈亚尔（Goerge Goethals）和理查德·艾克曼（Richard Reckman）进行了一项实验，他们询问学生们对种族隔离公共汽车的看法。并把他们的答案记录下来。几个星期后进行的讨论中，一位演员（实验助理）试图改变他们的观点。如果受试者支持种族隔离汽车，那位实验助理就设法让他们看到这样做的负面影响。如果受试者反对种族隔离，那位实验助理就会指出如此主张的弊病。就像在其他研究中一样，当他们被问及他们对原始问卷的看法时，两组人都没有做出正确的回答。他们已经动摇了，但仍然认为自己始终没有改变自己的观点，"一致性偏见"的一个奇怪现象是它是如何被激发出来的。如果你预设自己是一个诚实的人，那么你就会表现得像个诚实的人。

2008年，麻省理工学院的丹·艾瑞里（Dan Ariely）、尼娜·玛扎尔（Nina Mazar）和恩·阿米尔（On Amir）让哈佛商学院的学生在五分钟内解答出尽可能多的数学问题。之后，将随机抽取一名学生给予奖励，每答对一个问题将获得10美元的奖励。在测试开始前，他们让一半学生列出他们自己在上中学时读过的10本书，让另一半学生写出《圣经》中的"十诫"。在这两组受试者中，一组学生将有机会作弊，他们只需自己告诉研究者自己答对了多少道题目即可，而另一组学生则必须上交他们的答卷。在事先列出书单的那组中，总得分比平均水平高出33%，这意味着他们作弊了。在写出"十诫"的那一组，分数低于平均水平，没有人作弊。因为这一组的受试者被引导去思考诚实，因为每个人都愿意相信他们是诚实的人，这个信念导致的行为是尽量使自己符合诚实这一信念。

你每时每刻都会经历这种"一致性偏见"。如果你签署一个诚信声明，保证要诚实和值得信赖，你往往会坚持到底。如果你事先同意做一件事，后来又不想去做，但是你还是选择去做那件事，这样你就不会觉得前后矛盾，也会让别人觉得你是一个言行一致的人。在任何一种情况下，当你按照某种方式"预置"自己时，你就更有可能用行动证明你就是被"预置"的那种人。1978年，亚利桑那州立大学的罗伯特·恰尔蒂尼亚（Robert B. Cialdinia）、约翰·卡乔波（John T. Cacioppo）、罗德尼·巴塞特（Rodney Bassett）和约翰·米勒（John A. Miller）开展了一项实验，他们问人们是否愿意参加一项公益事业服务，大约一半的人回答愿意加入。

在他们同意之后，他们被告知实验将在早上7点开始。95%的人还是按时到场了。当他们再次做实验，但这一次事先告诉人们何时必须到达活动地点，24%的人同意参加。第一次实验中的受试者对那么早参加活动并没有做好心理准备，但是由于他们已经说过他们愿意参加公益活动，他们觉得自己必须要做到言行一致，尽管不兑现自己的承诺也不会带来什么不利的后果。但是他们不想成为一个伪君子。

"一致性偏见"是你想要减少认知失调带来的不适的整体愿望的一部分。认知失调是指当你注意到你在一个问题上有两种想法时所感受到的情绪。当你说一件事，而去做另一件事时，必须处理好虚伪的感觉，否则你会发现很难继续下去。你需要感觉你可以预测自己的行为，所以你有时会改写自己的历史，这样在你看来你自己就比较可靠。如果你的人生故事包括自我提升，你又在改变中找到意义，你就会抑制"一致性偏见"。还有一些时候，你只是希望你的自传的某些部分能够以一种令人愉悦的方式展现出来，你无法想象自己曾经是那种你现在嗤之以鼻的人。如果你现在正处于疯狂的恋爱中，而你对自己有过怀疑，你只需要删除过去，将其换成是一个跟你当前的状况不那么矛盾的故事。年长的人倾向于认为年轻的人很天真，有时当他们看到年轻的人也像自己年轻那会儿一样无知时，他们会觉得很有趣。有时候，他们试图用无知来解释，似乎是要表明无知可以用智慧来克服。这是"一致性偏见"在工作中的表现：相信如果你当时已经懂得你现在懂得的事情，结果就会有所不同。但是，人们会随着时间的推移而自然改变。只是"一致性偏见"不承认这一点。

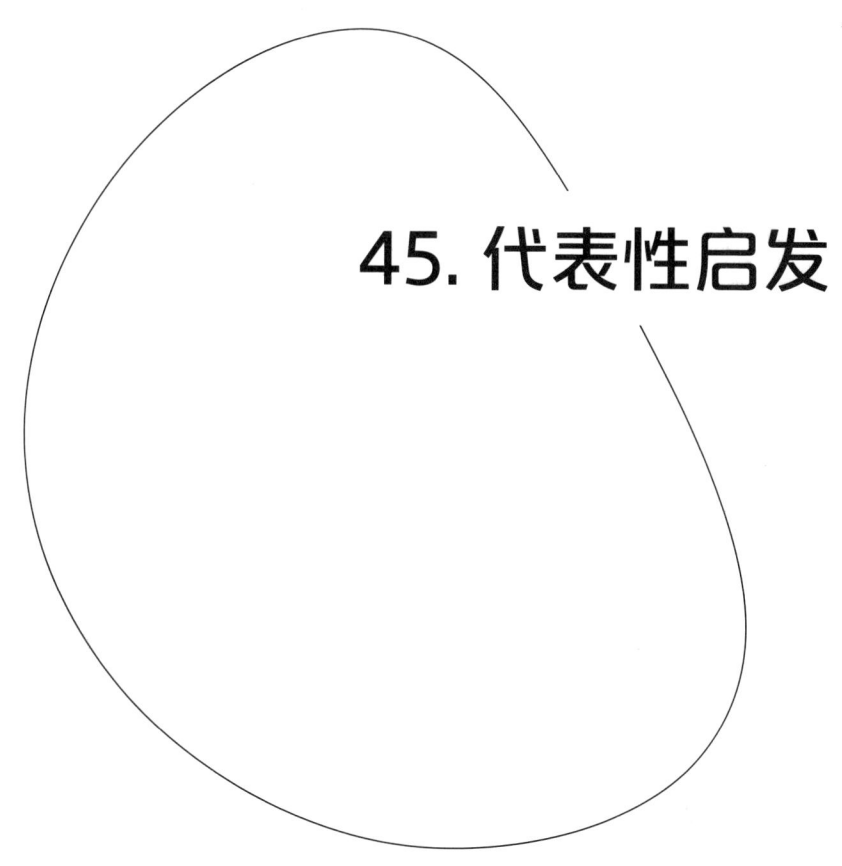

45. 代表性启发

误解 | 了解一个人的历史更容易判断他们是什么样的人。

真相 | 你往往会根据一个人在性格类型上的代表性而得出结论。

45. 代表性启发

你的朋友约你出去，并告诉你他（她）遇到了一个人，对方无拘无束、不可预测、风趣幽默，也许还有几分危险。你的那位朋友认为他们在谈恋爱。当你问及你朋友对方从事什么职业时，得到回复说对方是一名足医。你会感到惊讶吗？也许会惊讶吧，但是为什么会吃惊呢？你到底对足医了解多少？他们是那种这个周末去跳伞，下个周末就去赌非法斗鸡的人吗？这些看起来像是一个足科专家会做的事情吗？或者你是不是认为足医在休息时会翻看进口的脚指甲真菌的图片，身边还有一大群猫？

除非你曾担任过国务卿，否则你可能对那些与你不同的人了解并不多。对其他人来说，你会带着某种偏见，有些是善意的，有些则不然。它帮助你更快地思考，以一种方式建立起未知事物的模型，以使你更容易做出判断。如果没有过滤器，你周围的世界就是一片混乱。随着时间的推移，你会发现认知的捷径。分类是理解事物的一种好方法。当遇到陌生人时，你的第一反应是将他们归入到某种原型中，以快速判断出他们的价值或威胁。这些构念被称为"代表性启发"。

丹尼尔·卡尼曼（Daniel Kahneman）和阿莫斯·特沃斯基（Amos Tversky）在1973年发表了一篇论文，从你头脑蠕动的认知偏见中发现了"代表性启发"。下面的例子是他们的研究和其他人对这种行为研究的简要综述：

唐纳德是一个非常聪明的大学生，他各门功课成绩都很好，但缺乏创造力。他酷爱整洁，觉得必须使生活的各个方面都井然有序才可以。他写作的内容缺乏感情，充满了科幻小说的气息。他只喜欢道德标准很高的人。

在他们的研究中，受试者阅读了一段类似上面的文字，并被告知以上这段描述来自对30名工程师和70名律师的采访。现在，假设你参加了这项研究，请回答以下问题：唐纳德更有可能是工程师还是律师？

这就是"代表性启发"让你误入歧途的方式。如果你和大多数人一样，你会认为唐纳德可能是个工程师。你认为唐纳德符合你对工程师的想象。你完全忽略了一个事实：他有70%的机会是一名律师，因为在100个人中，他们只面试了30名工程师。卡尼曼和特沃斯基说，你根据代表性做出预测——即新信息与你头脑中现有信息的匹配程度。有时候，你脑子里的信息只是对现实事物的一种卡通描述。你看到一个穿着白色长袍和凉鞋的男人，你就会想到酋长。你看到牛仔帽、套索和枪带，就会想到牛仔。你见到过工程师和律师，就认为上面的那段话所描述的形象与工程师更匹配。你把数字扔到一边。你的思维模式并不准确，通常也不需要准确。它们只需要自动地、毫不费力地进入你的脑海。如果你的祖先听到灌木丛中沙沙作响，他们很可能会假设有某种饥饿的坏东西正在向他们逼近。如果你需要医疗救助，就会假定标注着"急救中心"标志上的大红十字的地方就是你应该去的地方，即使你不能确定它是否只是个被废弃的医院，或者是否只是个游乐园里精心装饰过的游乐设施。卡尼曼和特沃斯基的研究表明，直觉往往忽略了统计数据。直觉不擅长数学计算。

再试试这个描述：

汤姆离过两次婚，他的大部分空闲时间都在打高尔夫球。他喜欢高档西装，开着一辆昂贵的豪华轿车。他很喜欢和他人争辩，并且一定要赢，否则就会大发雷霆。他上了大学，但迟迟不能毕业，并试图通过尽可能多的社交活动来弥补这一点。

现在，假设在这项研究中研究人员采访了70名工程师和30名律师。既然已经知道了"代表性启发"是如何运作的，那么，汤姆是一名工程师还是一名律师？对了，从统计学上看，更有可能的情况是，他是一名工程师，不管这一段对于此人的描述与你为律师设计的启发式模型匹配得有多么好。

"代表性启发"有利于助长其他几个认知错误,如"合取谬误"。下面是卡尼曼和特沃斯基的另一个研究案例:

琳达是一名31岁的单身女性。大家都认为她直言不讳,非常聪明。她在大学主修哲学。作为一名学生,在大学期间她非常关注歧视和社会问题。她参加过几次游行示威活动。

琳达更可能是一个银行出纳员,还是一个热衷于女权运动的银行出纳员?大多数读过上面描述的人会选择第二个答案,尽管从统计上看,她更有可能是一名银行出纳员。世界上的银行出纳员比女权主义者要多,无论他们的背景如何。

"合取谬误"建立在你的"代表性启发"的基础之上。你听到的事情越符合你的思维模式,他们就越像你的心理模型。在上面的例子中,那段描述既符合银行出纳员的心理模型,也符合女权主义者的心理模型,所以看起来可能性是原来的两倍。但从统计数据上看,情况正好相反。你不会自然地用统计的、逻辑的、理性的方式思考。你首先进入你的情感中心,从叙事和角色的角度来考虑,这些叙事和角色符合你对过去接触过的人的先入之见,或者由于文化渗透而产生的角色想象。

卡尼曼和特沃斯基通过对专业的预言专家(预测未来事件可能性的人)进行同样的实验证明了这一点。1982年,他们邀请115位预测者预测下一年哪个事情更有可能发生。他们将这些人分成两组,并要求其中一组评估美国和苏联中止所有关系的可能性。第一组受试者估计,除了暂停与美国的外交关系外,苏联入侵波兰的可能性也很大。第二组受试者认为,苏联入侵波兰的可能性是美国入侵波兰可能性的两倍。他们的代表性储备已经被利用了两次,这使得它似乎比单一事件更有可能。

"代表性启发"是有用的,但同时也是危险的。"代表性启发"可以帮助你避免危险和寻求帮助,但是它也会导致笼统和偏见。当你期望人们以某种方式出现,因为他们似乎代表了你对这类人的看法时,你就没有那么聪明了。

46. 预期

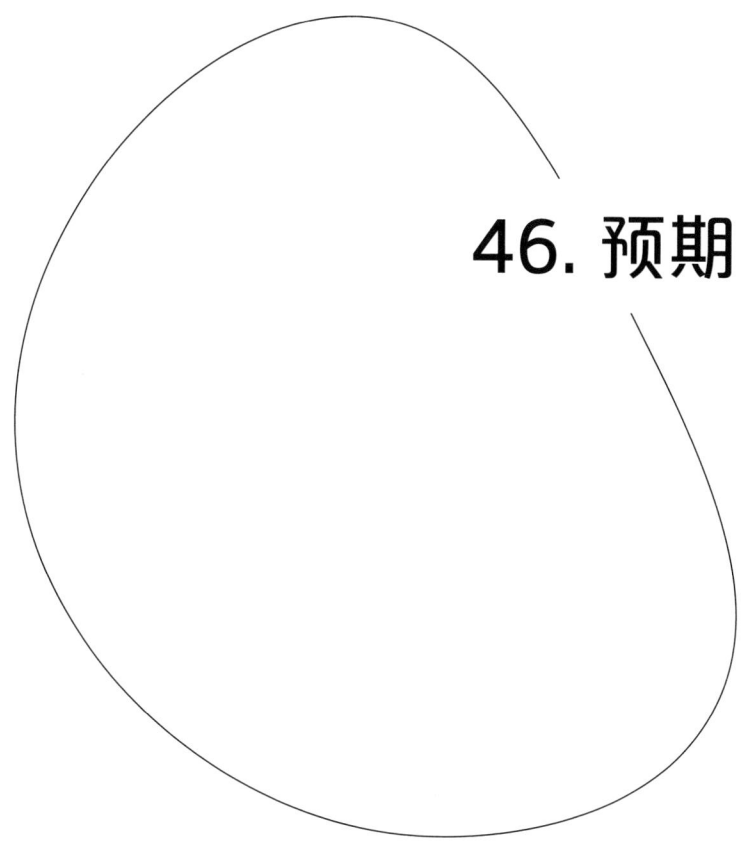

误解 | 葡萄酒是一种复杂的万能药，充满了只有行家才能真正分辨出来的微妙味道，而有经验的品酒师是不会被欺骗的。

真相 | 只要改变了葡萄酒品酒专家和消费者的预期，他们可能会被愚弄。

46. 预期

你徘徊在商店的卖酒专柜的过道，扫视着，想要寻找一款好酒。这时你会感到有些不知所措——所有那些奇怪的酒瓶上都贴着酒标，还画有城堡、葡萄园和袋鼠的插图。所有这些品类都是如此？雷司令、设拉子、赤霞珠——这可真是有的挑了。你看向左边，看到12美元左右的葡萄酒；你看向右边，看到的是60美元左右的葡萄酒。你回想一下你在电影里看到的人们品尝葡萄酒的场景，一边举着酒杯对着光看，一边评论着丹宁酸、酒桶和土壤质量——最昂贵的酒一定是质量最好的吧，对吧？

其实，你没有那么聪明。不过，别担心——那些把发酵的葡萄酒摇来摇去，嘬一口又吐回杯中的葡萄酒鉴赏家们也比你好不到哪里去。

品酒对很多人来说都是件重要的事情。品酒甚至后来发展成了一种专门的职业。它的历史可以追溯到几千年前，但是现代品酒业中所有的术语，如品酒笔记、酒泪挂杯、成分融合、口感连贯等则可以追溯到几百年前。品酒师会提到他们能在好酒中品尝到的各种各样的东西，就好像他们是一个有能力感觉酒分子组成的人类摄谱仪一样。然而，研究表明，这种直觉可能被劫持、愚弄，甚至有可能是完全错误的。

2001年，弗雷德里克·布罗谢（Frederic Brochet）在法国波尔多大学开展了两个实验。在一项实验中，他召集了54名品酒和酿酒学专业的本科生，让他们分别品尝了一杯红酒和一杯白酒。他让他们尽可能根据自己掌握的专业知识来详细地描述两种葡萄酒。他没有告诉他们两个杯子里是同一种酒。他只是把白葡萄酒染成了红色。在另一个实验中，他让那些专家们给两瓶不同的红酒打分。其中一瓶很贵，另一瓶很便宜。同样，他再次欺骗了他们。这次他把便宜的酒装进了两个瓶子。那么结果如何呢？

在第一个实验中，品尝者描述了他们能在红色葡萄酒中分辨出浆果、葡萄和丹宁酸的种类，就好像红色的酒真的是红葡萄酒一样。所有的54个人，谁都没有尝出这只是白葡萄酒。在第二个实验中，也就是换了酒标的那个实验中，受试者不停地谈论着装在昂贵酒瓶子中的廉价酒。他们称它为"具有多重的口感"，"口感醇厚"等。而同样的酒装在贴着廉价酒标的酒瓶中，专家们给出的建议是"清淡无味"，"口感较差"等。

加州理工学院的另一项实验是让受试者比较五瓶葡萄酒，葡萄酒的价格从5美元到90美元不等。同样地，研究者把便宜的酒倒进贴着昂贵酒标的酒瓶中，但这次他们给这些受试者连上了大脑扫描仪。在品尝葡萄酒时，受试者大脑的同一部分每次都活跃起来，但是如果品尝他们认为是价格昂贵的葡萄酒时，大脑的另一个特定区域会变得更加活跃。另一项研究让受试者将奶酪与两种不同的葡萄酒搭配食用。受试者被告知一种葡萄酒来自加利福尼亚，另一种葡萄酒来自北达科他州。实际上，这两个瓶中装的都是同一种酒。受试者说，他们认为喝加州葡萄酒时配的奶酪质量更好，而且他们吃得也多一些。

那么，品尝葡萄酒的美妙世界中是不是到处充斥着装腔作势的废话呢？并不完全如此。在上述实验中，品酒者们都受到了令人讨厌的"期望"野兽的影响。一个葡萄酒品酒专家在正常情况下的客观性和味觉能力可能会令人惊叹，但布罗谢对环境的控制误导了他的品酒受试者，并削弱了他们的洞察力。对各位品酒专家的超能力来说，其预期就像是氪石一样。事实证明，预期和原始的感觉一样重要。积累的经验可以彻底改变你解释进入你大脑中信息的方式，而这些信息来自比较客观的感官中。在心理学中有一个共识，那就是真正的客观性几乎是不可能的。各种记忆、情绪、条件反射以及其他各种各样的精神垃圾会污染你获得的每一次新体验。除此之外，你的各种预期还会强烈地影响你头脑中对你所认为的现实的最终判断。所以，当品尝葡萄酒、看电影、约会或通过价值300美元的音频线聆听新音响时，你的体验有些来自内部，有些则来自外部。昂贵的葡萄酒就像其他任何昂贵的东西一样，预期判断它的口感更好，这种预期会使它的口感更好。

在荷兰的一项研究中，受试者被安排在一个房间里，墙上贴着几幅高清的宣传海报，受试者被告知他们将观看一个新的高清电视节目。之后，受试者们说，他们发现清晰度更高、色彩更丰富的电视节目比标准分辨率的电视节目能给人带来更好的视觉体验。他们不知道的是，他们实际上是在观看标准分辨率的图像。他们预期看到一个画质更好的图像，这让他们相信他们看到了画质更好的图像。最近的研究表明，大约18%拥有高清电视的人仍然观看标准分辨率的高清节目，但他们都认为自己看到的是画质更好的画面。

20世纪80年代初，百事可乐开展了一次营销活动，在盲品测试中，他们吹嘘自己的产品比可口可乐更成功。他们将其称为"百事可乐挑战"。心理学家已经断定，你在选择自己喜欢的产品时，往往不是根据产品本身的价值，而是因为营销活动和商标等对你产生了一种叫作"品牌意识"的魔力。你开始把自己定位在一个营销活动上，而不相信其他的营销宣传。在百事可乐挑战之前的所有口味测试中都是如此。比起百事可乐的广告宣传，人们更喜欢可口可乐的广告宣传，所以即使它们尝起来几乎一样，当他们看到带有白丝带的鲜红色易拉罐时，人们还是选择了可口可乐。所以在百事可乐的挑战中，研究者去掉了饮料上的标识。起初，研究人员认为他们应该在饮料瓶上贴上某种标签，所以，他们选择了M和Q两个字母作为标签。受试者说他们更喜欢贴有M标签的百事可乐，而不是标着Q的可口可乐。可口可乐公司对此非常恼火，然后自己做了实验，他们在两个饮料瓶中都装入了可口可乐，结果发现贴着M的那瓶饮料赢了。事实证明，百事可乐获胜的原因并不是饮料本身，而是因为人们更喜欢字母M而不是字母Q。

每当你发现了自己喜欢的东西时，你会从我们的环境中寻找线索。这些线索通过识别上次受益的线索来帮助你找到那些好东西。对于受试者来说，这两种产品尝起来口感几乎是一样的。因此，在被迫做出选择的情况下，他们转向另一组线索来做出决定——哪个字母更令人愉快。很显然，M要好于Q。在另外的实验中，受试者倾向于选择A而不是B，倾向于选择数字1而不是数字2。品牌的效用也是如此。例如，伏特加口感并不怎么样，所以广告商不能直接向你推销它的口感有多么的好。相反，广告商劫持了你对视觉捷径的天生亲和力，用广告宣传来冲击你的大脑。当你站在酒品商店里，面对着伏特加酒瓶时，那些品牌都希望自己的广告营销活动已经在你的意识中建立了足够的期望，引导你购买他们的产品。

在盲品测试中，长期吸烟的人分不清香烟的品牌，而葡萄酒鉴赏家也很难区分开200美元一瓶的酒和20美元一瓶的酒。当把冷冻食品区买来的微波食品放在高档餐厅里时，大多数人都不会注意到。口感是主观的，换句话说，当你选择一种产品而不是另一种产品时，你就不那么聪明了。所有的一切都是差不多的——你会回想起广告、包装或者与你的朋友和家人的意见一致性。演讲就决定了一切。

餐馆就是依赖于此。事实上，几乎所有的零售商都依赖于此。展示、价格、良好的市场营销、良好的服务——所有这些都导致了对质量的期望。而最后的实际体验就显得不是那么重要了。只要产品不是彻头彻尾的垃圾品，你的体验就能符合你的预期。一连串的负面评论会让电影变得更糟，一堆正面的评论会让你去观看那部电影。你很少会在没有影评人、同行和广告参与的社会真空中观看电影。你的预期是马，你的体验是马车。你总是把这两者搞反了，因为你并没有那么聪明。

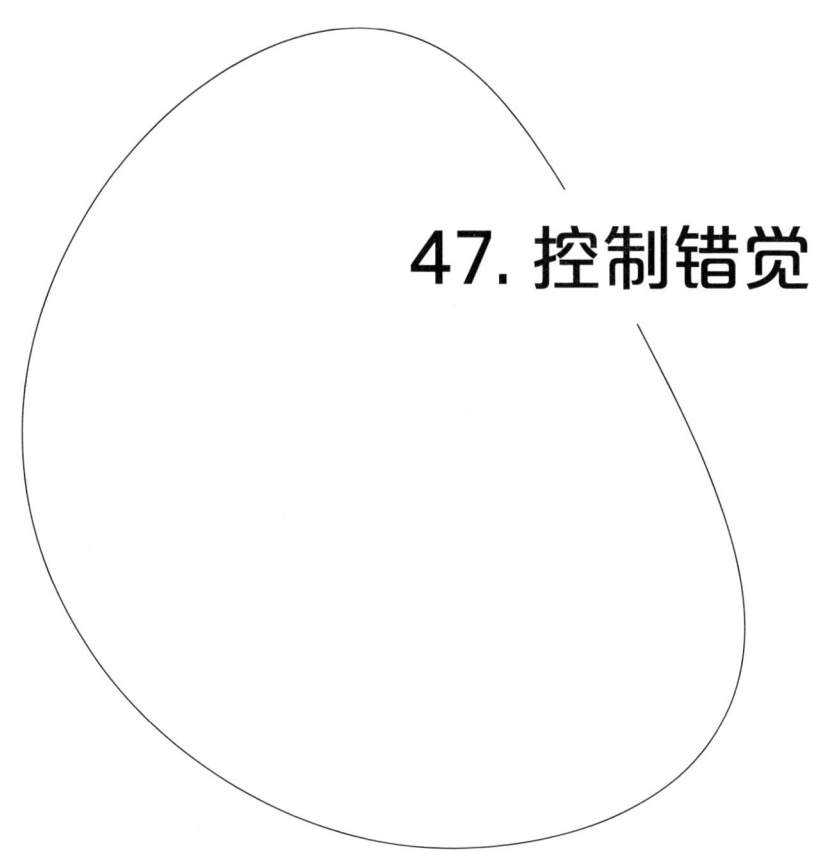

47. 控制错觉

误解 | 你知道你对周围环境有多大的控制力。

真相 | 你经常认为你可以控制结果,然而这些结果要么是随机的,要么是过于复杂而无法预测的。

47. 控制错觉

如果你抛起一枚硬币，它落下时连续五次正面朝上，此时在你内心深处有一种强烈的感觉，下一次硬币落下时会反面向上，因为它应该会是这样的。你认为这样才是平衡的结果。

这被称为"赌徒谬误"或者"蒙地卡罗谬误"，因为在1913年的一场赌场轮盘赌游戏中，黑色连续出现了26次。你可以想象，当黑牌一遍又一遍出现15、16、17次时，大家对红牌的押注就要失控了。是的，这确实是难以置信的。在赌徒们的脑海里，连续出现黑色的概率已经成为天文数字，下一次应该是红色才可以。所以要押红色，赢回赌金。当球在不同的数字和颜色滚过时，那种兴奋、喧嚣和噪声让赌徒们产生了一种巨大的错觉，因为胜算始终没有改变。滚球下次还会停在黑色上面，就像之前的26次一样。

在赌博中，无论是在老虎机、轮盘赌桌还是纸牌游戏中，你都有一种倾向，认为自己要么是幸运的要么是不幸的，连续成功或连续失败。你会说出这样的话："我就要时来运转了。"你认为庄家变化了，或者看到人们从桌子边起身，换了荷官，你就认为这些是时来运转的积极的信号。你下了三次注，赢了两次，于是你决定再赌一次。你在黑色连续出现了10次之后，选择将赌注押在红色上，因为你认为怎么也该轮到出现红色了。

你甚至可以设计自己的一套方法来将你赌赢的机会最大化。参加"二十一点"扑克赌博时，你从来不坐在外面的座位上。你只玩带有真正手柄的老虎机，或者在掷骰子之前先吹口气。当然，这些都不会对获胜概率产生任何实际影响。概率是固定的，但有时你认为你可以改变概率，这是因为其实你没有那么聪明。

当你看到有人玩了20分钟的老虎机，然后起身走开时，你可能会冲过去接手，好像老虎机会平衡先前的那些损失一样，但是事实并非如此。这是"赌徒谬误"，基于过往的结果来假设概率的变化。当然,在足够长的一段时间内,概率将恢复正常,但在短期内,结果还是以随机的形式出现的。如果你把一枚硬币抛上500次,你会发现正面和负面出现的次数,总体来说各占50%。如果你只抛5次,那么你连胜的机会就会更大。赌场就是这样运转的,当你赢了的时候,你会发现很难放弃。然而,你赌的时间越久,输赢的概率也就越呈现平衡趋势,但你永远不知道连胜何时开始,何时结束。

在人类进展数百万年,你的祖先能够在有生之年遇到一个伴侣,一个接一个地生儿育女,因为他们擅长"模式识别"。捕食者、猎物、朋友和敌人都从背景中脱颖而出,因为你的祖先们可以在噪声中搜寻到各种信号。多亏了他们,你继承了同样的能力,但你无法控制这项能力。你的大脑总是在寻找模式,当你这样做的时候,你的身体就会发出快乐的小喷流输送到全身,其实你经常在根本不存在的模式中看到模式,就像在云彩里看到人脸一样。

如果你在掷一个骰子,它第一次落下是1,第二次落下是2,第三次落下是3,在宇宙中没有任何力量能改变随机概率,让你第四次掷出的骰子显示4。但是这不正是人们非常想要的结果吗?那是因为"模式识别"干扰了你的判断。从统计学角度来讲,骰子的每一次掷出都跟下一次掷出没有任何关联。尽管如此,詹姆斯·亨斯林(James Henslin)在1967年的一项研究表明,当人们在掷骰子时如果期望得到较高的点数时,他们倾向于更用力地掷,而当他们期望得到较低的点数时,他们倾向于更温和地掷出。因为你暂时控制了这个动作,你觉得你可以进而控制结果的随机性。

你有没有在观看别人罚球的时候交叉手指呢?你是否曾希望有人受伤,后来他们真的受伤了?2006年,普林斯顿大学的艾米莉·普劳宁(Emily Pronin)和西尔维亚·罗德里格斯(Sylvia Rodriguez)以及哈佛大学的丹尼尔·魏格纳(Daniel Wegner)、金伯利·麦卡锡(Kimberly McCarthy)想看看他们是否能在实验室里研究这种行为。

他们让大学生同意参加一项关于身心失调症的研究,这些症状仅仅是由于他们想到自己生病而产生的。但这并不是这项研究的真正目的。他们实际上是想看看在适当的条件下，正常人是否会相信自己的想法会伤害或帮助他人。

　　学生们被告知，他们将与一位同样也是学生的搭档一起参与这个实验，但这位搭档实际上只是一位演员（实验助理）。在第一组受试者中，这位演员迟到了10分钟，还穿着一件印有"蠢人不应该有后代"字样的衬衫。那个演员开始对研究人员表现出粗鲁和令人讨厌的行为，张着嘴，大口咀嚼口香糖。在第二组受试者中，那个演员则彬彬有礼，和蔼可亲。演员们和学生们读了一会儿关于伏都教的书，然后从一顶帽子里抽出纸条。两张纸条上都写着"巫医"，但学生们被告知其中一张纸条上写着"受害者"。所以，演员就假装拿到了写有"受害者"的纸条。

　　在所有这些之后，研究人员交给学生们一个巫毒娃娃，让他们在娃娃身上扎针，并告诉他们把娃娃想象成刚刚遇到的那个研究助理。不久，研究助理开始抱怨头痛。现在你可能已经猜到结果了，那些认为研究助理讨厌的受试者比那些认为研究助理讨人喜欢的受试者，更相信是他们造成了研究助理的头痛。大多数人都持有怀疑态度，但受影响对演员怀有负面想法的那组受试者的怀疑态度有所减弱。他们看到了结果，考虑到所有的可能性，还是将他们自己的想法视为导致结果的原因。

　　在第二轮研究实验中，研究人员让受试者观看一名运动员投篮的过程。他们让投篮手把眼睛蒙上，其实这只是个假眼罩，他们可以非常清楚地看到篮筐。投篮者每次投篮之前，研究人员要求第一组受试者花费10秒钟的时间想象投篮者投中了篮筐，要求第二组受试者花费10秒钟的时间想象投篮者举重的场景。他们甚至让球员在开球前练习了一分钟，并且呈现的结果是大部分投篮都没投进。

　　这名投篮者在正式投篮时尽量保持平时的投篮水平，8投6中。对于一个蒙住眼睛的人来说，这是一个惊人的壮举，但是两组受试者对此结果的看法是不同的。在随后的追踪提问中，大多数人都对结果持怀疑态度，但是那些事先想象投篮者投中篮筐的受试者却更相信是自己的意念帮助投篮者投中的篮筐，其人数是另一组受试者的两倍。就像任何好的魔术一样，人们想倾向于相信：他们看到了一些来自另一个世界的东西或者目睹了心灵感应的发生。

研究人员得出的结论是，大多数人在某种程度上都具备魔法思维，他们认为自己的思维能够影响他们无法控制的事物。参与实验的人知道他们只是在参加实验，所以他们可能比平时的怀疑更重。这种怀疑可以在适当的条件下消失。如果你是一个狂热的体育迷，你会情不自禁地认为你的精神意念对游戏结果有某种积极的影响。当你的球队获胜时，你会觉得这其中也有你的功劳。如果他们输了，你会觉得是因为你自己没有全力为他们加油。当老师们把学生的成功归功于自己，或者战争地区的人们开始积累幸运符，或参加他们认为能让他们活下去的仪式时，这种"控制错觉"就会普遍出现。当某人生病时，你让人们送上良好的祝愿，向他们传达乐观的想法。

1975年，美国心理学家艾伦·兰格（Ellen Langer）进行了一系列研究，她让受试者参与了一些与概率相关的随机性游戏，并且他们可以对游戏方式有一定的自主控制。在一个纸牌游戏中，她让人们与两个演员（研究助理）对弈，一个是紧张型的，一个是自信型的。尽管结果是随机的，但当受试者认为他们的对手很弱时，他们会下更多的赌注。她让人们自主选择自己的彩票号码，或者被动接受分配。当她试图买回彩票时，那些自主选择彩票号码的人比那些被动接受分配的受试者要价更高。接下来，她让受试者抛硬币，并且预测硬币落下时是正面朝上还是反面朝上，但是她的团队操纵了抛硬币的结果。第一组受试者在最初一连15次猜对了抛硬币的结果，第二组受试者在快要结束之前连续猜对了15次，第三组在30次抛硬币中猜对了15次。那些认为自己在最初表现很好的受试者会认为他们之后要不断改进投掷硬币的预测能力。在最初表现欠佳的受试者，以及认为自己只是随机猜对了15次的受试者，都不像第一组受试者那么自信。在所有三组中，他们猜对的次数都是相同的，但是那些在早期经历了成功的受试者则相信自己对这项游戏的结果有一定的控制力。他们认为自己能够控制概率。

兰格总结说，在此实验中的决定性因素是游戏中的线索，这些线索让受试者觉得自己掌握了某种技能。看出了模式，对游戏越来越熟悉，他们知道了如何玩游戏——这些都有助于产生"控制错觉"。很明显，受试者倾向于认为"随机性"是他们可以战胜的东西。这就是为什么在游戏中加入一些可定制的功能时，你更愿意参与其中。允许你自主选择自己的彩票号码或选择数字赌轮盘会影响到你如何看待结果。你认为：在涉及随机性的游戏中，只要你有一定的话语权，命运冰冷的手就变得不再那么有力了。

与股市、战争、公司合并和家庭度假等随机事件相比，抛硬币或赢扑克牌相对简单，但无论情况有多复杂，总有人认为自己可以预测和控制它们。那些掌握权力的人会对权力的范围产生错觉。

2008年，斯坦福大学的纳撒尼尔·法斯特（Nathaneal Fast）和黛博拉·格林菲尔德（Deborah Gruenfeld）进行了一项实验，旨在揭示"控制错觉"是如何产生的。他们知道之前的研究表明，那些社会经济地位高的人，或者那些来自权力和影响力被高度重视的文化背景中的人，更有可能认为自己在预测未来方面的能力更强。当人们获得大学学位时，他们甚至对死亡的恐惧也变小了。他们问道：如果让你拥有非常强大的权力，你会怎么样呢？

他们把研究对象分成三组。让第一组受试者，写作文回忆起过往自己担当领导者的经历。第二组受试者，让他们写出关于自己担当追随者的经历。第三组受试者，作为对照组，撰写他们去超市的经历的作文。作文写完后，让受试者玩了一个游戏，他们必须猜出一对骰子的点数。如果猜对了，他们将得到5美元。游戏规则是：选择自己掷骰子还是选择让别人来帮忙掷骰子。

果不其然，在写领导力作文的实验组中，"控制错觉"已经被适当地激发了。所有的人都选择自己掷骰子。而在写追随者角色的实验组中，58%的人选择自己掷骰子。控制组受试者的比例介于两者之间，69%的人要求自己掷骰子，而不是把掷骰子的权力交由别人。当然，掷骰子的结果与是谁掷骰子是没有关系的。当你发现自己在一艘伟大而强大的船上掌舵时，你开始认为自己充满了别人没有的天赋。你制定计划、做出决定时，假设随机和混乱都是傻瓜眼中的情景。"控制错觉"是一件奇怪的事情，因为它经常导致高度的自尊和一种信念，你始终相信：你能控制自己的命运，但事实上并非如此。这种过于乐观的观点可以转化为实际的行动，你会选择迎难而上，勇往直前。通常，这种态度有助于走向成功。但最终，大多数人会遭到生活的一记拳头，腹背受敌。有时候，是因为一连串的成功为你积聚了足够的力量，让你做出会给你造成更严重伤害的决定。当战争失败、股市崩溃、政治丑闻曝光于媒体的时候，人们就会遭到猛击。权力孕育自信心，但是自信心对不可预测的事情是没有影响力的。不管你是在打扑克还是在治理一个国家，皆是如此。

心理学家指出，这些发现并不意味着你应该放弃。但是令人纳闷的是，那些不以现实为基础的人，往往在生活中取得很多成就，只是因为他们相信自己可以成功，而且比别人更努力。如果你一直认为自己能力不足，你可能会陷入一种习得性无助的状态，这将使你陷入情绪抑郁的负面反馈循环。你对局势还是有一定的掌控力，否则你就会彻底放弃。艾伦·兰格在研究疗养院时证明了这一点。在疗养院里，允许一些患者自己摆放家具，自己给植物浇水——这些患者的寿命比另外那些让别人打理这些事情的患者寿命更长。

了解"控制错觉"不应该阻止你在任何你想要涉足的领域为自己开拓空间。毕竟，如果什么都不做，自然就收获不到任何结果。但当你这样做的时候，请记住，未来的大部分事情是不可预见的。应该学会与混乱共存。在制定计划时，应该把混乱也考虑在内。你应该接受一点：你应当接受失败，哪怕你是一个非常优秀的人。那些认为失败的人，并不是制定计划时就选择了失败。有些事情是可以预测和管理的，但是事件发生的时间越远，你对它的控制力就越弱。事件离你的身体越远，参与的人越多，你对它的控制力就越小。就像掷十亿个骰子一百万次那样，起作用的因素太复杂、太随机，你无法真正控制这些因素。你无法预测自己的人生轨迹，就像你无法预测一朵云的形状一样。所以，设法控制那些小事吧，控制那些重要的事吧，让它们积累成大量的快乐。在更大的事情上，控制只是一种幻觉。

48. 基本归因错误

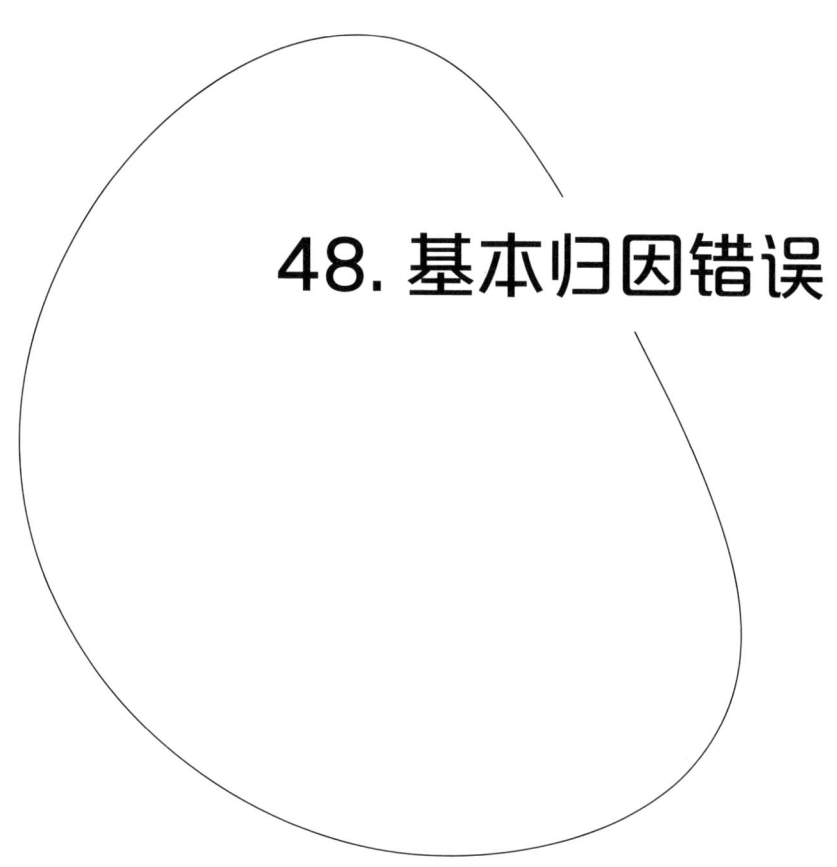

误解 | 别人的行为反映了他们的秉性。

真相 | 别人的行为更多的是环境使然，而不是由他们的秉性造成的。

你去了一家餐馆吃饭，服务员给你上了一些你没有点的东西。当你把那个菜退回去时，又花费了很长时间才等到了你想要的菜。服务员忘记给你斟饮料。在你最后结账的时候，他们似乎连你喝的是什么都搞不清楚。在这种情况下，你给他们多少小费？

我在大学时当过三年的餐厅服务员，我可以告诉你。如果厨房把顾客点的菜弄混了，我就知道我的小费泡汤了。虽然这并不是我的错，但是顾客却总是惩罚我，就好像那是我的错一样。如果食物凉了，或者是烧焦的，或者没有烧熟，那么就餐者就会通过只留下一枚硬币来表达他们的不满，这甚至比一分钱小费都不给更糟糕。有些人一直表现得温文尔雅，直到让他们掏腰包的那一刻：他们用自己手中的钞票投下对餐厅不满的一票。还有一些人会非常生气，在嘴里还嚼着食物的时候就要求见餐厅经理。餐厅服务会给男女服务员招来一些顾客的尖酸刻薄之语。我从来没有遇到过对顾客只给一丁点小费而不知所以然的服务员。任何餐厅服务员，都会从顾客少给小费的做法中吸取教训。在这三年中，我懂得了一个道理：服务的好坏取决于所处的环境，而不是我自己的秉性。我可以通过表现得友好、风趣，或者在我觉得合适的时候主动与顾客攀谈，来缓和我无法控制的环境所带来的负面影响，但当出现问题时，顾客仍然会责备于我。

那么，你有没有以下经历：留下极少的小费来表达你的愤怒之情呢？

当你在餐馆就餐时，你很难看透服务员的性格。你把责任推到服务员身上，认为自己是在和一个懒鬼打交道。有时你是对的，但你经常犯"基本归因错误"。

你有没有看过像《智者为王》或《危险边缘》这样的智力竞赛节目？你是否觉得，哪怕只有一瞬间觉得节目主持人都超级聪明？也许在你的生活中，你会崇拜某些音乐家、作家或教授。你想象着在与这些人的谈话中想要保持自己的观点是多么困难，因为你想象着当你求助于空谈意大利面食谱和你收集的华丽的勺子时，他们的卓越才智是多么轻松地将你压垮。当你不太了解一个人的时候，当你还没有机会去了解他们的时候，你就会有把他们归为某个类型人物的倾向。你依赖于从经验和幻想中挑选出来的原型和刻板印象。即使你已经对一个人有足够了解，你还是会选择这么做。

你总是不停地戴上、摘下社交面具。你跟家人在一起，跟老板在一起，跟朋友在一起表现得都是不一样的。不知何故，你忘记了你的朋友、家人和老板也在做同样的事情。

几乎每次你读新闻的时候，都会犯下"基本归因错误"。例如，偶尔你会读到这样的新闻：某个人在邮局里用枪向众人疯狂扫射。早在1983年，美国一个邮局附近每两年就会发生一起枪击事件。通常，凶手是心怀不满的邮局雇员。有的凶手仍然还在美国邮政就职，有的凶手是刚刚被解雇。这种现象甚至可以用一个短语来形容："去邮局。"在这一点上，这是美国集体无意识的一部分。直到2010年，电影、书籍、电视节目，甚至流行音乐，还在继续提及邮政雇员的暴怒行为。几十年来，"去邮局"这个概念一直是英语俚语的一部分。

人们对这种现象提出了许多解释，从工作场所的压力，到对令人沮丧的官僚作风的不满，以及这种做法的示范效应。然而，事实是，在现代美国，人们总是在疯狂地搜寻邮局杀人事件。互联网上有一条300多起邮局杀人事件新闻，你可以在一年中的任何时候用谷歌搜索"疯狂杀人"这个词，你一定会找到最近几周内发生的群体杀人事件。奇怪的是，邮局的谋杀率实际上比零售业的低，但这可能是因为零售业的人更有可能在抢劫中丧生。无论如何，你熟悉它的理由都是：美国媒体倾向于报道这类事件，无论它们在哪里发生。

当你听说在邮局、在学校或在机场发生的枪击事件时，你对凶手的第一印象是什么？最令人欣慰的想法是凶手疯了。他或她就是个疯子，有一天他们碰上了让他们发疯的事情。虽然这个解释是含糊笼统的，但这是令人欣慰的。没有人愿意认为潜在的杀手就在身边，更不愿意想到自己有一天会采取杀人这种重大的、极端的方法。

然而，大多数情况下，那些暴走的人不会在某一天醒来时脑子里就想着去杀人。这种愤怒是经过好几年积累起来的。他们通常因为工作上的不满而感到沮丧和愤怒。他们以工作为中心，认为一旦被解雇，他们就失去了一切。他们常常有一种失范感和孤立感，并且相信他们可以在一片辉煌中走出去。许多人觉得他们被折磨和羞辱的时间太长了，想要报复。对他们来说，生活变成了无情的、令人沮丧的攻击，他们无能为力。在他们看来，这种情况快把他们逼疯了。

你会把横冲乱撞的杀手视为疯子，但他们的同事和家人很少会认同你的观点。他们说工作和压力把他们逼疯了。朋友们说，如果不是因为这份工作，情况会有所不同。对你来说，从表面上看，指责凶手的性格更容易，就好像他们注定要在某一天杀人，不管他们出于什么原因。虽然这可能会让人痛苦，但这是"基本归因错误"驱使你得出结论的另一种方式。你只看到一个人，而忽略了他或她周围的环境，然后把责任都推到这个人身上。

如果这种情况可以发生在任何人身上，它当然也会发生在你身上。罪行可能是一系列可怕事件和社会压力导致的结果，而不是一个离经叛道的人的原因，这是一种令人不快的想法。知道这一点并不能成为那些伤害他人的人的借口，但它似乎是真的。如果这让你有点不安，别担心，这意味着你仍然是清醒的。

在你们的学校里有极客，有书呆子，有运动员，也有小公主。世上有典型的小丑，有懒汉，有愤世嫉俗的诗人，也有一些努力奋斗、精力充沛的政治家。你喜欢听故事。电影和书中有一群角色对你来说是有意义的，因为在生活中你倾向于把每个人都变成一个行为可预测的角色。我们的思想努力去理解这个世界。你总是能意识到别人的想法，总是想解释别人的行为。

心理学家知道，大多数行为是外部力量和内部力量之间的一场拔河争夺比赛。人不是没有细微差别的角色，这些角色的行为是很容易被预测出来。你在工作时的表现看起来和在家时是不一样的,聚会上的你和在家人面前的你也是不一样的。从表面上看,这似乎是常识,但当你评判别人时,却很容易忘记背景的力量。你会说:"杰克很害羞。"而不会说:"杰克和不认识的人在一起很不自在,所以当我在公共场合看到他时,他总是避开人群。"这是一个捷径,是一个在人类社会中穿行的便捷方式。你的大脑喜欢走捷径。人们很容易忽视环境的力量。通过人们的处境来观察他们是社会心理学的基础之一,在社会心理学中,这个理论被称为"归因理论"。

如果有人在酒吧里走到你面前,提出要请你喝一杯,你脑海里的第一个想法不会是分析那个人的长相或者房间里的温度。你的第一个想法将是假设他们的意图。这个人是在勾引你吗?这是善意的表达吗?这个人对你有威胁吗?你会问,他们的行为可以归因于什么?你无法得到确切的答案,所以答案就可能从一种可能性转移到另一种可能性。

当你看到一个行为,例如一个孩子在超市里大声尖叫,而那些看似健忘的父母还在继续购物,你就选择走一条心理捷径,开始对他们生活的一些故事妄加推测。即使你知道你没有足够的信息去理解他人的行为,你的结论仍然让你感到满意。你找到的原因,也许是正确的。但通常情况下,你并没有那么聪明。

康斯坦丁·塞迪基德斯(Constantine Sedikides)和克雷格·安德森(Craig Anderson)在1992年进行的一项研究中,让美国人解释为什么他们认为其他美国公民想叛逃到俄罗斯。80%的人说叛逃者可能是糊涂或者是叛国者。他们把叛逃者想象成各种代表性的人物,认为可以根据一个人的秉性来预测其行为。毕竟,美国是自由的国度,是勇者的家园。并且,这里是这些人成长和生活的地方。当研究人员问为什么俄罗斯人会叛逃到美国时,90%的人说他们可能是为了逃离糟糕的生活条件,或者是为了寻找更好的生活方式。从美国人的心态来看,俄罗斯人叛逃的动机不是因为他们的个性,而是因为他们所处的环境。受试者没有把那些叛逃的俄罗斯人视为叛国者,因为这将使受试者深感不安,因为那些俄罗斯人叛逃的目的地是受试者的祖国,所以他们把俄罗斯叛逃者的行为归咎于某种外部因素。

48. 基本归因错误

心理学家哈罗德·凯利（Harold Kelly）认为，当你为别人的行为找出一个归因时，你会考虑一致性问题。如果你的一个朋友和你认识的人打架了，你首先要看看他们的行为是否和他们过去的行为一致。如果他们总是因为鸡毛蒜皮的小事而吵架，你会把责任归咎于他们的性格。如果他们通常很冷静，你就会把责任推到环境上。通常情况下，这种捷径是有效的。在人类进化史，人们往往会考察每天见到的人，来观察其行为是否具有一致性。在现代社会，你可以考察你的服务员或地铁上的人，看他们的行为是否存在一致性。你不知道开枪的那个人是始终如一的，你也不知道在路上开车抢道的人是不是一直是个混蛋。当你无法检查出一致性时，你就会把人们的行为归咎于他们的个性。

杜克大学（Duke University）的爱德华·琼斯（Edward Jones）和维克多·哈里斯（Victor Harris）在1967年进行了一项研究，首次揭示了基本归因错误的奥秘。他们让学生阅读辩论记录，辩论的主题是支持还是反对菲德尔·卡斯特罗的政治意识形态，如果放到今天，辩论的主题可能已经换成了奥萨马·本·拉登（Osama bin Laden）。当被告知辩论者选定了自己的立场时，他们会将辩论者的思想归因于辩论者内心感受的影响，学生们正确地说出了讲话者的想法。例如，如果学生们说他们不同意卡斯特罗的观点，受试学生会选择相信他们。当受试者被告知辩手在这件事上没有做出立场选择，而只是被指派去赞成或反对卡斯特罗的立场时，受试学生并不买账。如果他们被分配到一个支持卡斯特罗的位置，然后发表一个支持卡斯特罗的演讲，阅读这些演讲的受试者告诉研究人员，他们认为辩手真的相信他们自己所说的话。情境的影响并没有对学生们的假设发挥作用。相反，他们认为辩论者的话都是出自他们的秉性。

直到现在，这项实验应用不同的方式仍在进行。每一种新的变量都会导致"基本归因错误"。1997年，美国加州大学的彼得·迪托（Peter Ditto）让一些男人与一位协助实验的女演员见面。她和男人们进行简短的一对一谈话，并让她就对他们的印象撰写一份书面报告。当迪托告诉男人们她给他们做出负面报告时，男人们说她只是在奉命行事。当迪托告诉男人们她给他们做出的是一个积极的报告,那些男性会说,尽管他们知道她只是在完成自己的工作,但他们感觉女研究助理喜欢他们。

你犯下了"基本归因错误",因为你相信别人的行为是由他们个性导致的,与环境无关。当一个男人相信脱衣舞女真的喜欢他,或者当老板认为他所有的员工都喜欢听他在哥斯达黎加钓鱼的故事,这就是"基本归因错误"。

很难理解外界环境到底有多么强大,它能在多大程度上影响你或你认为很熟悉的人的行为。1971年,美国心理学家菲利普·津巴多(Philip Zimbardo)在斯坦福大学(Stanford University)开展了一项实验,这项实验彻底动摇了他过去的思想,并永远改变了心理学。津巴多对人一生中扮演的角色很感兴趣,你自己创设了角色,然后假装这是外界环境造成的。他认为,也许战争和监狱中所表现出的残忍暴行与邪恶关系不大,更多的是与无意识的角色扮演有关。

他让24名男学生抛硬币,来决定谁来扮演在校园里建起的一座模拟监狱的囚犯,谁来扮演预警。那些被随机选为囚犯的人穿着背部有数字的囚服,还戴着脚镣。狱警们则穿着全套制服,戴着反光墨镜,挥舞着木质警棍。狱警们被告知只能根据囚犯的号码来判断他们的身份,但不能对他们进行人身伤害。津巴多让当地警方在这些模拟犯人的家中逮捕他们,并在他们的邻居面前对他们进行搜查。然后,模拟犯人在警察局进行了登记,并附上了脸部照片和指纹。那些"罪犯"在真的牢房里被蒙上眼睛,然后把他们带到校园的模拟监狱里。在模拟监狱里经历了脱衣搜身之后,被关进了那个模拟监狱。做完这一切之后,实验预计持续两个星期的时间。受试者分别扮演狱警和囚犯的角色,而心理学家则对他们进行录像并做笔记。然而,这项实验在6天之后就结束了。

实验第二天就发生了骚乱。第三天,研究人员不得不让一个受试者退出了实验,因为他经历了如此多的情绪困扰,不得不在第三天被释放。到底是哪里出了错?

津巴多确保他的参与者都是来自中产阶级的大学生,绝对没有暴力行为或滥用药物的历史。他让"狱警"维持秩序,但没有具体说明如何进行。起初,"狱警"和"囚犯"都没有认真对待这个实验。他们闲逛了一会儿，才慢慢进入了角色扮演。但津巴多让"狱警"定期吹哨子叫醒"囚犯"，然后点名，强迫"囚犯"逐一报出自己的号码。这些"狱警"变得更有攻击性，增加了更多的虐待行为，也越来越残忍。如果"囚犯"违反规定，"狱警"会强迫他们做俯卧撑，或者把他们关进禁闭室中。实验的第二天早上，囚犯们觉得自己已经受够了，他们用床垫堵住了牢房，并对假装的"狱警"大声辱骂。"狱警"抓起灭火器，朝铁栅栏里的"囚犯"喷射，这样他们就能强行进入牢房。然后他们剥光"囚犯"的衣服，拿走他们的床，开始侮辱和斥责他们。为了防止进一步的叛乱，如果他们保持良好的、听话的行为，他们允许"囚犯"穿上衣服，睡在床上。听话的"囚犯"还可以吃到更好的食物，他们也被允许使用牙刷和牙膏。几小时以后，"狱警"们取消了所有颇有微词的"囚犯"们的一切权利，命令他们跟挑衅的"囚犯"交换牢房，扰乱"囚犯"的心思，让"囚犯"跟怀疑他们之中有人跟"狱警"私通，以防止"囚犯"们结成联盟。没过多久，"狱警"们就开始强迫"囚犯"们在木桶里大小便，并强迫他们模仿彼此鸡奸的动作。

津巴多和参与研究的学生们一样，被这种突如其来的强大力量压垮了。他把自己想象成一名监狱长，当他听说囚犯们正在策划一个越狱计划时，他就开始盘算把实验转移到一个真正的监狱去继续，但最终没有实现。有一次，他看到"狱警"在以为心理学家没有注意到的情况下就对"囚犯"施行暴力行为，他意识到局面已经失控了。当他的一名研究生第一次参观这项实验时，对"囚犯"们的生活条件感到无比恐惧，津巴多终于通过她的眼睛看到了事情已经做得太过分了。第六天，他们结束了实验。结果是，"囚犯"们兴高采烈，"看守"们抱怨不已。

在随后的采访中，扮演"囚犯"的学生说，他们觉得自己好像失去了真实身份，说这项实验就像发生在一个真正的监狱。那些学生开始质疑自己的理智。他们忘记了，如果他们要求实验结束，他们就可以离开。那些"狱警"们则说自己只是在执行命令。

请记住，所有这些受试者在一周前都是正常的，来自中产阶级家庭的大学生。他们或者其他人对他们所知甚少，没有任何迹象表明他们有这种恶意或这种顺从的能力。这一切都发生在大学校园里的一排办公室里，每个人都知道这一点，但是情况是，外部力量是如此强大，以至于在一天之内就变成了恶魔或者受害者。

几十年之后，津巴多不会相信美国政府关于阿布格莱布监狱虐待行为的说法：认为这是几个害群之马行为的结果。美国政府犯了"基本归因错误"，忽视了环境的力量，把犯罪者变成了容易被忽视的角色。津巴多没有为阿布格莱布监狱中那些折磨和羞辱伊拉克囚犯的人开脱，但还是证明了一点：只要让人们处于类似于实验中创建的那种环境下，就会产生同样的结果，例如2004年在巴格达监狱出现的情况，在历史上其他监狱中也发生过。津巴多说，人们的内心并非不善良，而是因为他们所处的环境鼓励他们这样做。他相信，只要有权力和机会，任何人都有可能变成恶魔。

当你把恋人的冷漠理解为他们对你的需求和需求的冷漠，而不是对工作压力或其他难题在他们心中的反映时，你就犯了"基本归因错误"。当你投票给一个人，因为他们看起来很可爱，平易近人，而忽略了他们为了当选所采取的手段，那么你也犯了"基本归因错误"。当你把别人对你的友好态度当作性兴趣的表现，把贫穷当作懒惰的结果时，你又犯了同样的"基本归因错误"。当你想为别人的行为寻找理由时，就一定能找到。但是，你很少会首先考虑环境有多大的影响。你责怪的是他们，而不是环境和同伴的影响。你这样做是因为你愿意相信你自己的行为完全来自内心。你知道这些事实并不完全如此。你从内向者变成外向者，从聪明变成愚蠢，从有魅力变成顽童——这取决于你所处的环境以及身边的旁观者。

"基本归因错误"使得人们对他人贴标签，并对他人的人品做出假设，但是应当记住一点：你的第一印象大多是不正确的。当你了解了别人，了解了他们的处境，了解了他们的行为产生的环境，你的印象就会改变。知道这一点并不意味着你必须原谅罪行，但也许它可以帮助防止罪行的发生。

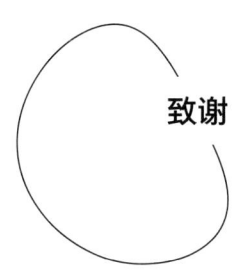

致谢

非常感谢艾琳·马龙(Erin Malone)发现了我的博客,并坚信它应该变成实体读物。通过她的自信和努力,使得这个愿望变成了现实。非常感谢。

也要感谢帕特里克·穆里根(Patrick Mullingan),他审读了我的原稿,并对原稿进行了删除和质疑,最终让原稿能为读者所理解。我很庆幸遇到有这样一个不请自来的编辑。

我要向我的妻子阿曼达(Amanda)表示无尽的感谢,她在这本书出版前校对这本书,多次纠正了书中的混乱之处。

从很多方面来说,本书以及与本书息息相关的博客都始于我毕业七年后参加的一门心理学课程。

结婚后,我和妻子卖掉了所有的财产,去德国旅行,就是为了看看外面会发生什么事情。我们来到密西西比州的一个小镇上的一所小学校里,做着一些基础工作——服务员、建筑工人、卖服装等。那次奇怪的冒险在当时是非常有意义的。在国外漂泊的日子,让我们不仅为自己的幼稚感到震惊,我们也为自己的无知感到震惊。回到美国后,我们发誓要拿到大学学位。

在开启大学经历之初,我们就学习了一门极具挑战性和改变人生的课程——心理学导论,这门课的授课老师是简·爱德华兹(Jean Edwards)教授,她是一位非常杰出的老师。

爱德华兹教授的课与其他课程不一样,没有讲解心理疗法之类的内容。她每次上课都带着笔记本电脑和投影仪,用视频、照片、动画和图表来详细说明大脑是如何运转工作。那门课的教科书只是课后的补充材料。在她的课堂上,她用多年精心准备的演讲来感化我们的头脑,让我们摆脱种种错觉。她也让我们站出来发表演讲,她让我们分组讨论,然后又打乱小组,还点名让我们发言。考试的试题中没有考查纯记忆的题,没有单词填空题的题型。试卷上的每个题都像是一个谜,需要我们对材料有深刻的理解才能想出解决办法。我和妻子进入了全日制大学以后,我们惊讶地发现没有任何课程能与爱德华兹教授的课程相媲美。

在一次上课时,她让我们想象这样一个场景:一个男人每天醒来,会先用报纸包裹全身,然后再穿衣服。他努力工作,养家糊口,不伤害任何人。每天晚上睡觉前,他会小心翼翼地脱下衣服,去掉报纸。然后她问学生:"这个人是疯子吗?"全班为此争论了一个小时。大多数人的第一反应是,"是的,很明显这就是个疯子。"爱德华兹让我们进行了充分讨论后,指出了我们的无知,并要求我们审视自己的怪癖和神经质的习惯。那堂课结束时,同学们达成了一个共识——那位身裹报纸的人也和我们一样是被蒙骗了,所以并不是疯子。

爱德华兹给我们上的每一节课都非常具有启示性,不仅因为书中有大量令人大开眼界的事实和顿悟,还因为她向大家表明了一点:世上有很多像我和我妻子这样的人,都还有几乎同样的心理。她毫不犹豫地选择课后花费一个小时跟我们继续交谈。而且她总是准备颠覆学生和同僚们对她的看法和期望。她让我们认识到:与众不同,也是稳妥的,值得尊重的。她为学生们树立了一个榜样,他们在认识她之前并不知道这也是一种选择。她是一个聪明、成功、专业的女子,她质疑一切,并鼓励你勇敢地去质疑一切。这本书以及与这本书息息相关的博客,都始于她的精彩课程。

因此,谢谢您,简·爱德华兹!你彻底改变了我的生活,改变了我的世界观。